节约型包装设计

严晨 李一帆 著

清华大学出版社
北京

图书在版编目（CIP）数据

节约型包装设计 / 严晨，李一帆著. —北京：清华大学出版社，2018
ISBN 978-7-302-49021-0

Ⅰ. ①节… Ⅱ. ①严… ②李… Ⅲ. ①包装设计 Ⅳ. ①TB482

中国版本图书馆CIP数据核字（2017）第294531号

责任编辑：王　琳
封面设计：傅瑞学
责任校对：王荣静
责任印制：杨　艳

出版发行：清华大学出版社
网　　址：http://www.tup.com.cn，　http://www.wqbook.com
地　　址：北京清华大学学研大厦A座　　邮　　编：100084
社 总 机：010-62770175　　邮　　购：010-62786544
投稿与读者服务：010-62776969，c-service@tup.tsinghua.edu.cn
质量反馈：010-62772015，zhiliang@tup.tsinghua.edu.cn
印 装 者：小森印刷（北京）有限公司
经　　销：全国新华书店
开　　本：185mm×260mm　　印　张：11　　字　数：228千字
版　　次：2018年4月第1版　　印　次：2018年4月第1次印刷
印　　数：1～3000
定　　价：55.00元

产品编号：077931-01

前言

随着社会经济的发展以及人们物质生活水平的提高，消费者的购物和消费欲望进入了近百年来前所未有的膨胀期，并充分地得到了满足。人们不再苦于衣、食、住、行等基本生活需求的满足，转而去追求更加舒适和享乐主义的生活。但值得我们注意的是，起初这种看似毫无公害的生活、消费方式的转变的确在很大程度上刺激了传统市场经济的发展，但随着时间的推移以及消费者精神文化水平的提升，这种粗放式的消费欲望满足所造成的社会、资源和环境问题逐渐浮出水面。无论是全球气候变暖、森林面积减少、水土流失、土地沙漠化，还是淡水资源短缺、环境污染等问题，都触目惊心地提醒人们必须意识到自然与人类之间的制约以及平衡关系，只有改变目前的商品生产和消费状态，才能充分解决资源和环境问题，造福人类的子孙后代。

商品经济的发展离不开商品，而商品的生产、销售和使用同样离不开包装，包装是商品的“衣服”，是商品的保护壳，与包装的接触是消费者与商品的第一次会面。可以说，产品包装的设计直接影响着消费者对于商品信息、商品材料、商品结构等的理解。好的包装设计，不仅能够起到对商品的基本保护和促销作用，还能够充分优化生产资源的配置，将资源和材料的利用率提升至最高，并且将其对于生态环境的影响降至最小。然而，目前国内消费市场中的产品包装现状并不乐观。中国人素有礼尚往来的传统文化和习俗，文化教育水平普遍不足的原因使得部分消费者曲解了这一优良传统的意义，这导致市场中充斥着大量过度包装的产品，有些商品的包装价值甚至远远高于商品本身，不仅造成了巨大的浪费，还将全社会的消费观念引向歧途。存在该问题的国家和地区不仅限于中国，那些因包装的不合理设计、生产、销售、使用、回收和废弃所造成的资源和环境问题遍布全球。越来越多的人意识到，只有从产品包装的产生源头——设计的角度出发，才能够有效地改变这一现状。针对上述提到的诸多资源以及环境问题，一些具有远见和社会责任意识的包装设计师开始逐渐将节约理念融入产品包装设计的过程中，通过科学合理的设计方法，综合运用节约型包装设计原则，设计出符合时代背景以及资源环境现状的包装产品。

笔者长期研究节约型包装设计、绿色环保包装设计工作，并从事相关的教学活动，并著有相关文献多篇，一些观点得到了业内广泛认可。同时，笔者对节约型包装设计理念的相关文献进行了大量的检索阅读以及研究，发现目前国内对于节约型包装设计的重视程度尚未达到理想的状态，只有少量关于节约型包装设计的文献，且仅针对一两种包装设计元素进行研究，并没有一部全方位、多角度、多实例进行理论普及和设计方法介绍的书。因此，笔者结合自身多年研究和设计经验以及对现有研究成果和实践成果的搜集和总结，最终形成了本书内容，希望能够为相关领域的学生、设计人员以及研究者提供良好的设计理论支撑和实践指导。相信无论是包装设计的行业从事者，还是普通的包装设计爱好者，都能够从本书中汲取“营养”，成为节约型消费观的践行者和倡导者。

最后，由衷地感谢青年教师、优秀的包装设计师许力老师为本书的编创提供大量、优秀的实践案例。同时，感谢相关参考文献的作者、译者，以及创作出本书图片实例中所示的优秀节约型包装的国内外设计师们，没有他们的理论积淀和作品示例，就没有本书的诞生。

严晨

2017 年 7 月于北京印刷学院

目 录

第1章

节约型包装设计概论

1.1 包装设计的基本概念

当今社会，人们的生活中处处充满了设计。可以毫不夸张地说，设计产品充斥了人们生活的衣、食、住、行等各个方面。任何一个产品，都需要通过包装的形式进行保护、运输与销售。随着当代包装设计研究和实践进程的不断推进，以及世界各国多元文化的相互融合和碰撞，使得当代的包装设计，不仅能够充分地提升人们的生活和工作质量，同时还能够起到提高人们的审美素养以及改善整个社会人文环境的作用，逐渐形成各种丰富多彩的新文化体系和类型。

包装，往往被认为是承载和保护产品的容器，其作为表现品牌理念、反应产品特征、捕捉消费心理的手段和载体。我国国家标准（GB/T 4122.11996）对于包装的定义为："包装是为了在流通过程中保护产品，方便储存，促进销售，按一定的技术方法而采用的容器、材料和辅助物等的总体名称。"产品包装发展至今日，已逐渐与产品本身融为一体，并成为建立产品本身与消费者亲和力关系的有效手段。因此，在经济全球化的今天，一款产品若想在众多的同类型产品中脱颖而出，并具有一定的品牌特色文化，其包装设计显得尤为重要。

产品包装设计，顾名思义，就是对产品包装的结构、形象、色彩以及材质等，进行整体化构思与细节形成和处理的全过程，是一种表现产品企业文化特色、进行产品推广宣传、促进产品销量的有效手段，其本质是基于立体结构的平面设计，因此通常被归类于平面设计门下，但因其同时与工业产品设计密切相关，因此有时亦属于工业设计的范畴。

图 1-1　包装设计的内容涵盖多个方面

产品包装设计的内容一般包括产品包装的结构设计、产品材质的选用以及产品视觉形象外观的设计，其涵盖了产品运输过程中的包装设计、承载容器设计、内外包装设计、吊牌与标签设计以及手提袋、礼盒等内容（见图 1-1）。一款优秀的包装设计，会更多地关注产品本身与产品包装表现方式的适用性以及合理性，通过最合理的包装结构方式、最恰当的材质表现以及最符合产品风格和文化的视觉元素，结合不同的文化和地域资源特征，达到合理保护产品质量和使用期、有效增强产品销售速度和购买吸引力的作用。在产品包装设计的过程中，切忌将产品本身与包装设计独立开来，造成产品的华而不实等负面效果。

同时，在产品包装的设计过程中，不仅要充分考虑产品包装是否对产品起到了保护与保鲜作用、产品包装是否能够快速激起购买者的购买欲望等因素，还应更多注意产品包装设计对于消费者审美水平、社会文化与价值观的积极导向作用，以及产品包装对于环境保护的贡献和价值。

近年来，随着全世界环境与资源问题的日益加剧，关于产品包装设计的新理念和设计方式不断涌现，节约型包装设计、绿色包装设计、环保型包装设计等理念越来越得到产品包装设计师以及工业设计师的关注，这些新理念的诞生、发展以及运用，为产品包装设计领域注入了更多新鲜血液，为提升消费者的生活质量、生存环境等起到了十分积极的作用。

1.2 节约型包装设计的基本概念

节约型包装设计，即在产品包装设计的过程中，在产品包装的结构型态、外观设计、材料选用，以及产品包装的使用设计等方面不仅要实现传统意义上的包装目的，更要以资源节约为宗旨进行设计，它是一种科学、节约、环保、可循环的设计理念（见图1-2）。在全球环境日益恶化、资源日渐短缺的今天，节约型包装设计势必将成为产品包装设计的主流理念。同时，对于产品、包装企业而言，以节约为理念进行设计不仅意味着成本的降低，更意味着利润的增加。可见，节约型包装设计理念，是一种双赢的设计理念，既能够减少自然资源的消耗，提升自然资源的利用效率，同时还能够为企业带来更多的商业利润。

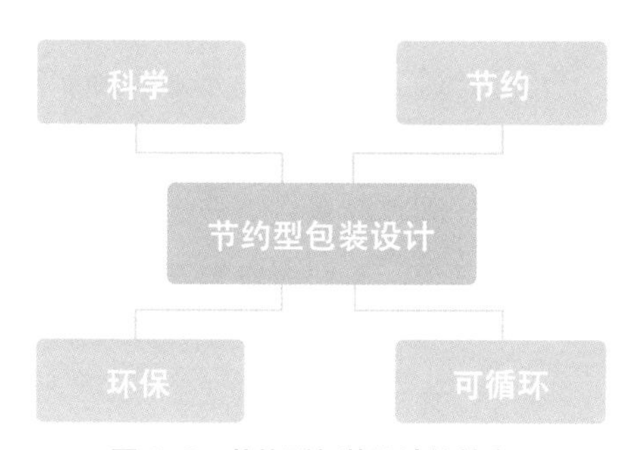

图1-2 节约型包装设计的特点

那么，什么样的包装才能够真正称为节约型包装呢？如图1-3所示，节约型包装需要遵循“5R1D”原则，即“减量化”（Reduce），主要是指资源使用的减量化、环境消耗的减量化、空间占用的减量化、生产时间的减量化，以及其他因素的减量化；“再利用”（Reuse），指产品包装可具有多种用途，从而充分提升其利用率；“可回收”（Return），指产品包装在失去其保护、承载等功用后，能够有效地被回收利用；“拒绝使用无资源节约观念的产品及其包装”（Refuse）；“再循环”（Recycle），指产品包装在使用完毕后，能够被再次或多次地循环利用；“可降解”（Degradable），指产品包装在使用、回收、循环使用之后能够在不损害自然环境的前提下自我降解。

正如环保包装设计大师托尼·伊博森所说的：“最好的环保包装设计师是大自然。我们无法超越它，因为大自然给予我们的作品是简单的、实用的、漂亮的、独特的，而且非常令人难忘。”而这一观点对于节约型包装也同样适用，大自然所创造的“包装”无一不传达了节约、环保的设计理念。例如，人们每天都会见到的鸡蛋壳（见图1-4），即是一个生动而具有代表性的例子。首先，鸡蛋壳作为一种最原始、最自然的包装方式，以最节约原材料的圆形方式呈现，能够保证蛋结构的坚固，不易被破坏。同时，其有机可降解的特性又能够在食用后被大自然所降解，真正地做到资源的再循环和利用。又如人们生活中经常食用的各种水果，譬如柚子，其果皮正是一种典型的节约型包装，柚子的果皮不仅能够起到保护、保鲜果肉的基本作用，同时也能够在不破坏形态的前提下，作为果肉的承载物使用——一个天然的“碗”；如图1-5所示，其果皮还具有很高的药用价值，可入药，可入菜；在失去使用价值后，同样能够被降解。因此，可以说，对大自然所创造的“包装”的深入研究和学习，正是节约型包装设计研究方式的有效途径之一。

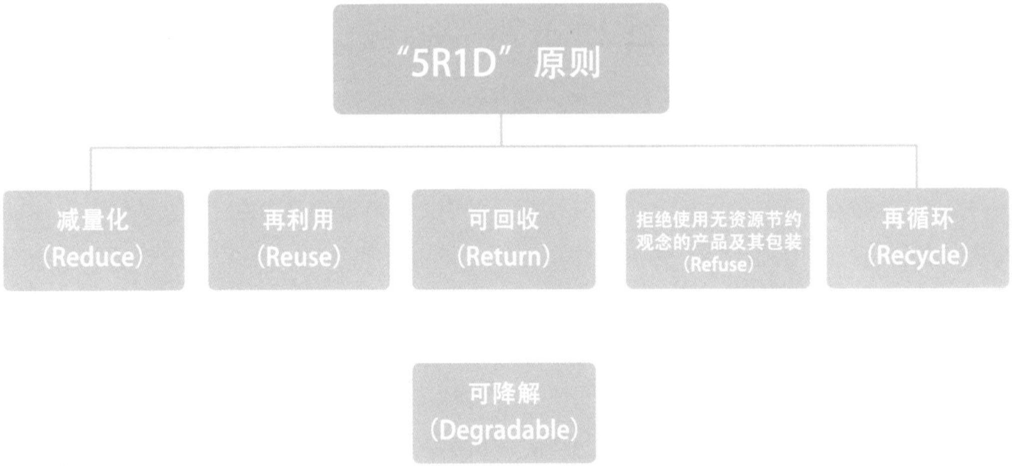

“5R1D”原则

- 减量化（Reduce）
- 再利用（Reuse）
- 可回收（Return）
- 拒绝使用无资源节约观念的产品及其包装（Refuse）
- 再循环（Recycle）
- 可降解（Degradable）

图 1-3　“5R1D”原则

图 1-4　鸡蛋壳是最原始、自然的节约型包装

节约型包装设计与环保型包装设计密切相关，但与环保型包装设计不同的是，节约型包装设计更多关注，在产品包装设计过程中，其结构设计、外观设计、材料选用、油墨使用，以及产品包装的使用方式设计等方面，是否充分节约了各类资源和能源、是否节约了使用空间和生产时间，而环保型包装设计则将侧重点更多地放置在环境的保护方面。可以说，节约型包装设计与环保型包

图 1-5　柚子皮的多种“功能”

装设计相辅相成，互相补足，两种设计理念既有共性，同样也有各自不同的特征。但其根本目的，都是通过科学的产品包装设计手段，实现产品包装的可持续循环发展，并在社会价值导向中起到积极的引导作用，最终形成环保节约的消费文化。

一个好的节约型包装设计往往需要注重设计过程的整体性，首先需要经过创意的诞生，并通过长时间的发展完善，才能够逐渐达到成熟的程度。因此，作为产品包装设计师，在进行产品包装设计的过程中，若要融入节约型包装设计理念，就需要掌握结构学、材料学、生物科学、人体工学等多方面学科知识内容，同时时刻关注世界、国家、地区自然资源现状，结合特定产品包装的消费使用者的特点，对产品的包装设计进行不断修改调整和比较，最终使其成为稳定的节约型产品包装。因此，可以说一款好的节约型产品包装一定是长期的综合性产物，这需要设计师的不断学习和提高。

1.3 节约型包装设计的基本特征

节约型包装设计是以资源节约为前提进行设计的，这就决定节约型包装设计相比于普通产品包装设计，具有其自身独特的特征。与传统意义上的产品包装设计相比，节约型包装设计不仅需要设计出具有普通包装能够承装产品、计量产品、保护产品、方便产品使用、促销产品以及社会功能等功能的包装产品，还需要在其结构、材料、视觉表现、使用方式、回收利用等方面以资源节约为核心进行设计。因此，节约型包装设计具有如下 5 点特征。

1.3.1 节约型包装的造型与结构设计特征

在节约型包装的结构设计方面，应实现轻量化，减少资源消耗、减少空间占用率、最大程度降低成本，提升资源利用效率。随着全球经济的迅猛发展，社会、科技的进步，加之人口的增加，使得人类对于自然资源的需求量日益增大，这便为全球的自然资源及自然环境带来了更大的负担，造成了严重的资源问题、环境问题、经济问题，以及社会问题。而这些问题，同样存在于当前的产品包装设计当中。包装工业是建立在对于自然资源的消耗基础上而形成的产业，如何避免过多消耗资源，是产品包装设计中不得不需要时刻考虑的问题之一。早期包装产业的粗放型发展方式，导致森林资源的大量消耗，对人类赖以生存的生态环境造成毁灭性的破坏。

在资源方面，大量有限资源被浪费，或是得不到最优化的配置。中国传统文化中素有“礼尚往来”的习俗，但一些企业、商家曲解了传统文化的意义，在茶类、酒类等礼品性质的产品包装设计过程中过分注重产品包装的奢华程度，如图 1-6 所示，对被包装产品进行“里三层，外三层”的包裹，在产品包装的结构设计上并不科学。而

图 1-6　造成浪费的礼品过度包装现象

同时，这些包装往往又不具有二次利用的功能，使用后即被随意丢弃，这便造成了自然资源的极大浪费，诸如此类现象导致中国成为产品包装资源浪费最严重的国家之一。因此，在产品包装的结构设计方面，应尽量减少资源的消耗，通过最节约的结构形式进行包装，最大程度地减少原材料的使用。

在环境方面，产品包装在生产过程中、使用过程中以及产品包装的回收和再利用过程中产生的环境问题日益严重，得到了人们普遍关注。虽然近年来，部分发达国家针对产品包装制定了相关配套的法律条例和规定，但产品包装更多的是由拥有大量廉价劳动力和自然资源的发展中国家生产，很多在发达国家中禁止使用或限制使用的包装结构形态和原材料在包装行业中大量、粗放性地被使用，由此造成的发展中国家环境问题有目共睹。而通过减少自然资源的消耗，合理对产品的包装结构进行设计，减少不必要的材料浪费，也正是解决或缓解环境问题的有效途径之一。

在经济方面，不合理的产品包装结构往往会造成生产成本的增加和浪费，那么只有在产品包装的结构设计上尽量轻量化、合理化、节约化，才能够有效降低商品生产成本，使产品在众多的竞争者当中具有一定的价格优势，促进产品的销售。

在社会方面，对产品包装结构进行合理化、轻量化的设计，能够提升资源的利用率和资源配置的优化，从根本上杜绝发达地区产品包装过度化，贫困地区产品包装过分简陋的现状，从侧面确保了社会、经济的平稳发展。

1.3.2　节约型包装设计的材料设计特征

在节约型包装设计的材料选用方面，尽量选择种类单一，并具有绿色环保特性的材料，拒绝

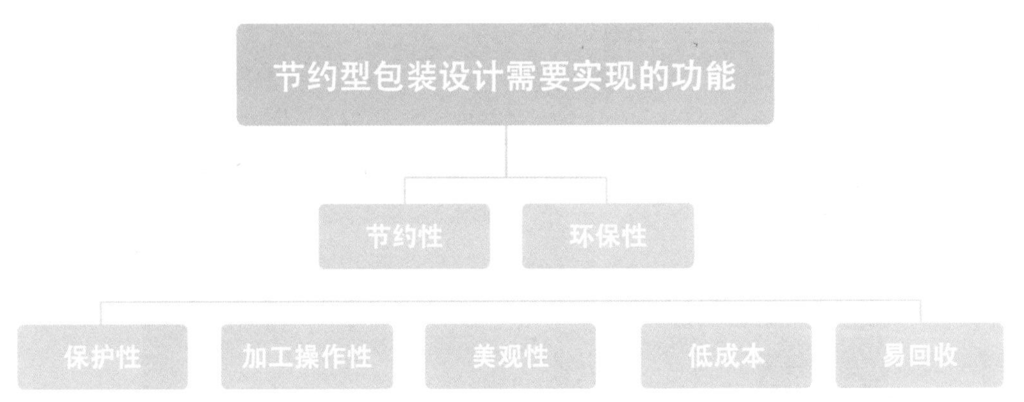

图 1-7　节约型包装设计需要实现的功能

使用非生态材料。作为包装材料，无论是节约型产品包装材料还是非节约型产品包装材料，都应具有如保护性、加工操作性、美观性、低成本、易回收等基本属性。与普通包装材料不同的是，节约型产品包装材料还应充分地向大自然学习，通过科学的研究和设计手段，选用最节约、最绿色的产品包装材料（见图 1-7）。

随着世界经济的不断发展，消费者的精神文化层次和精神文化需求得到空前的提升，人们从对物质的单纯追求逐渐向对物质、精神文化双向并行式追求转变，消费者对自然资源、环境的关注度与日俱增，因而过度包装的产品越来越没有市场，节约型包装日益得到消费者的青睐。而包装材料种类单一的产品包装，相比于选用了多种包装材料的产品包装，更能够节约自然资源。同时，单一的包装材料，省去了材料的加工合成工艺，能够在产品包装生产的过程中有效地减少生产和制作时间，从而降低生产成本，提升产品的价格竞争力。

同时，节约型包装材料还应选择具有绿色环保特性的材料，使用具有可回收、再利用、可循环、可降解等特点的包装材料。具有该特性的产品包装材料循环利用率较高，能够充分节约自然资源，对环境无破坏性或破坏性较小，省去用于治理环境的二次资源浪费。

如图 1-8 ～图 1-11 所示，设计师马•黛舒（Daishu Ma）和马克•尼古拉（Marc Nicolau）设计的沙砾戒指礼品盒，以极尽创意的方式选用沙质材料作为产品包装。当消费者打开礼品盒之后，可直接将其返回到自然环境中。而与此同时，这种在沙粒中发现精美而贵重的礼物的仪式感和欣喜感，是普通豪华礼品盒所不具备的。

图 1-8　沙砾戒指礼盒 1

图 1-9　沙砾戒指礼盒 2

图1-10 沙砾戒指礼盒 3

图1-11 沙砾戒指礼盒 4

节约型包装材料的选用还应杜绝非生态材料，即拒绝使用不利于生态发展或可引起疾病、虫害等传播的包装材料。非生态材料的使用，会导致疾病、虫害等严重问题的发生，造成更大的资源浪费。在这方面，某些作为进口国的发达国家已开始逐渐禁止或高度限制一些由回收材料制成的制品（如木箱、草袋等）。

例如，从1998年9月起，美国规定所有从中国进口的木质包装以及木质铺垫材料制品，在未经高温处理、熏蒸或防腐剂处理前，一律禁止进入美国境内。自1999年1月起，从中国进口的所有木质包装材料也受到了加拿大的严格限制，要求只有经过严格的防虫处理以及附带中国颁发的证明的木质材料才可进入加拿大境内。因此，在选择产品包装材料时，对于非生态材料的杜绝，不仅能够保护地球生态环境不遭到破坏，还能够有效地避免产品在销售过程中遇到的限制性因素，节约运输、进出口、二次处理等环节中的资源浪费。

1.3.3 节约型包装设计的外观设计特征

在节约型包装的外观视觉表现设计方面，需设计符合产品、企业形象，符合轻量化设计原则，同时传达积极健康的节约消费观的产品包装视觉元素。产品包装设计作为平面设计中的一个设计类型，具有极强的视觉传达功能。一个优秀的产品包装设计，不应仅仅停留在运输、保护、保存商品、满足消费者审美、进行产品促销等基础的功能满足上，还应尽可能地从产品、企业的理念和文化出发，设计出符合产品形象、企业文化的产品包装。一个成功的产品包装设计，一定是视觉表现方式与所要传达的产品理念的高度契合品。随着国际平面设计发展的不断推进，设计水平的不断提高，节约型的产品包装视觉外观设计方式逐渐代替了过去过分注重无意义装饰，企图通过视觉元素的华丽堆叠来吸引消费者眼球的方式。

在视觉呈现方面，节约型产品包装设计应从多方面契合产品形象及企业文化。首先，在包装设计的文字设计方面，应以最精练的文字和最为准确的信息传达对产品的描述；在图形元素方面，以清晰、明确、纯粹、冷静的抽象形式进行表现；在色彩的使用方面，尽量减少色彩的种类或完全以单色或包装材料原色进行呈现，这样能够有效地减少使用燃料造成的资源浪费以及环境污染。

如图1-12所示，是一款由设计师斯塔斯•尼拉汀（Stas Neratin）设计的护肤产品包装，该产品包装的设计采用了仿生设计的方式，将护肤品瓶身设计成类似于人体皮肤的形式，并采用了感温变色材料，当使用者用皮肤触碰到瓶身时，瓶身则会似乎因“娇羞”而变得炙热微红。这款产品的包装设计正是包装的外观设计高度契合了产品所要传达的亲肤、柔和的理念。可想而知，当消费者在使用这样一款产品时，不禁会因这款产品包装的独特而更加钟情于使用这款产品。

同时，节约型产品包装设计不仅应只考虑其带来的资源贡献和经济价值，还应考虑到更高层次的社会人文关怀层面，从产品外观的角度引导消费者形成积极健康的节约型消费观念。从而实现，从引导消费者产生节约型产品包装购买需求，到节约型产品包装引导式购买，再到节约型包装回收或再利用的良性健康循环体系。

图 1–12　护肤产品包装设计

1.3.4 节约型包装的使用方式设计特征

在节约型包装的使用设计方面，设计使用方式尽量简约，有效节省消费者使用时间的产品包装。节约型包装的设计不仅包括有形的设计，即结构设计，以及视觉外观呈现设计，还包括无形的设计，即产品包装的使用方式设计。产品包装的使用方式包括产品包装的拆解与打开方式、产品包装在产品使用中的使用方式，以及产品包装的二次循环利用以及回收方式，这些使用方式不仅需要为消费者以及相关参与人员提供舒适方便的使用体验，更要有效地为使用者节省时间，同时在使用产品包装的过程中，尽量不造成资源的浪费。

首先，节约型产品包装设计应遵循以人为本的设计原则，设计充分符合人体工程学的产品包装。21世纪的节约型产品包装设计将向符合人体工程学的方向进行发展，产品包装设计师需要设计出使用方便灵巧，符合人体尺寸比例，符合指定人群消费者的使用力度，以及能够提升消费者和环境协调性的产品包装。

图1-13所示为丰番农品有机农产品的包装。该品牌致力于生产和销售健康自然、节约资源、保护环境、使用方便的农产品，兼具弘扬传统东方文化的理念。其包装作为承放精米的容器，引用了中国传统文化中“年年有鱼”的寓意，通过两条鱼的形象进行产品包装的呈现，传达吉祥与祝福的美好寓意。而这款精米包装的独特之处在于其使用方式，在使用该产品包装时，消费者可平衡包装两端的重量，使其形成一个提手，可通过肩、臂或手的力量轻松地搬运较重的精米产品。

图1-13 丰番农品包装设计

同时，一款优秀的节约型包装还应在使用方式的设计方面遵循设计心理学的设计原则，针对指定人群的消费者进行调查研究，使最终的产品包装设计最大限度地减少消费者的学习和使用时间，节约消费者在学习使用产品包装过程中的资源以及时间浪费。

1.3.5 节约型包装的回收与循环使用设计

在节约型包装的回收与循环使用方面，设计可有效循环再利用，并且可降解的环保产品包装。对于节约型包装而言，一款产品在失去其使用价值之后，其产品包装的生命周期依然在延续。节约型包装设计不应仅仅考虑产品在使用前和使用中的节约，还应将产品包装的循环、回收利用等使用后因素考虑到设计过程当中。

首先，节约型产品包装需要具有可循环和再利用的功能，即设计多功能化、零废弃化的产品包装。优秀的节约型包装设计能够巧妙地通过合理的包装结构设计，结合实用的包装材料，使包装的基本功能在发挥完毕后还能够另作他用，避免包装在使用之后被随意丢弃，造成资源浪费和环境污染。图 1-14 所示为一款低卡路里饮料包装瓶，这款产品包装不仅能够作为饮料包装传达童趣，还能够在饮料喝完之后当作智力积木玩具继续玩耍使用。

同时，除可进行循环实用外，节约型包装设计还应具有可降解的环保特征，减少或避免产品包装在回收时造成二次资源浪费和环境污染。

图 1-15 所示的是设计师米查特•马可（Michat Marko）为 Modest Studio 公司设计的一次性快餐盒。设计师匠心独运，创造性地在产品包装上的说明贴纸里粘上了几粒植物种子。而正是这个小

图 1-14 多功能低卡路里儿童饮料包装

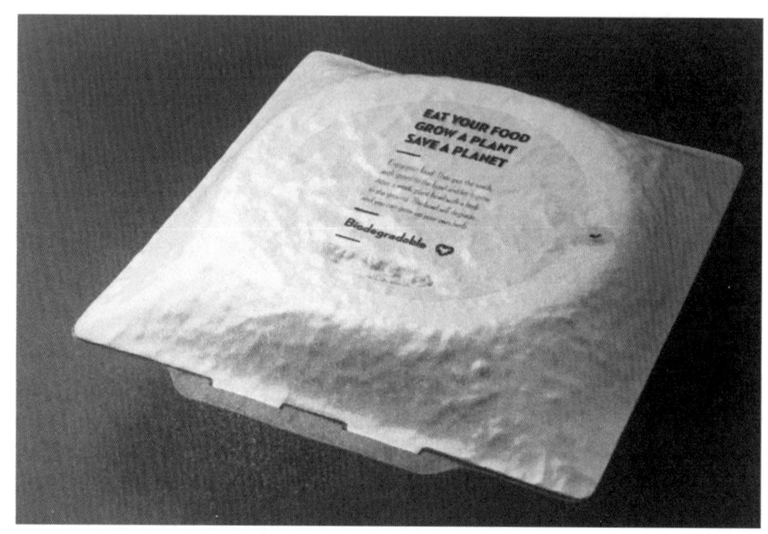

图 1-15　多功能快餐盒包装

小的创意，可以减少巨大的资源浪费，当消费者在使用完这款一次性餐盒后，可根据餐盒贴纸上的提示，在餐盒中放些许泥土，将贴纸内粘的种子播种进去。当浇水发芽后，消费者可将植物连同餐盒一同种进泥土中，而餐盒还能够起到提供养分的作用，直至最终分解、腐烂。

1.4　节约型包装设计的分类

随着商品市场中节约型包装的普及，各类形态各异、各具特点的节约型产品包装出现在人们的视野当中。为了使设计师以及相关的从业人员能够对节约型包装有更好的了解和认识，需要对其进行分类性研究。节约型包装设计的类型可以从不同的角度进行区分，下面将分别从其包装目的和性质、包装的材料选用、包装的使用效果、设计类型以及设计方法 5 个方面进行分类研究。

1.4.1　按节约型包装的目的和性质分类

同普通产品包装设计类似，从包装的目的和性质出发，节约型包装设计同样可分为销售包装设计（即商业包装设计）和运输包装设计（即工业包装设计）。节约型产品的包装设计具有以下特征。

首先，节约型销售包装设计，是以产品的贩卖、促销为主要目的的包装设计。产品包装与产品本身一起到达消费者的手中，节约型消费包装设计首先要考虑到产品包装的承装、防护、保质保鲜等基础作用。为使产品更好地销售，更快地吸引消费者的目光，还应通过美观、简约的外形和节约、方便、实用的结构设计达到产品促销的作用。其次，节约型销售包装设计还应注重产品包装的节约特性，在结构、材料、外观以及使用方法方面以资源节约为出发点进行设计，并从多角度强化消费者的心理效应，形成全社会的节约型消费观，从源头实现节约型消费链条。

节约型运输包装设计，即设计产品或一些工业品在运输过程中需要使用到的节约型产品包装，其主要目的是通过节约型包装设计手段，实现商品或一些工业品的运输、储存等。该类产品包装主要流通在生产企业、分类销售商以及底层销售商之间，其设计需要便于搬运、拆卸、计数以及运输储存，同时具有保证产品的安全性和提高交换效率的产品包装功能。因此，节约型运输包装设计无须过多地考虑视觉效果。同时，节约型运输包装设计除了需要考虑运输包装的强度、抗震、防水等功能外，还应考虑到在制造过程中要充分地做到资源的低消耗，实现生产成本的最低化，以及在其使用寿命结束后，通过设计手段，提升其回收以及再利用的效率。

1.4.2 按节约型包装的材料类型分类

从节约型包装设计的材料选用角度出发，可分为天然材料节约型包装设计、人工材料节约型包装设计和合成材料节约型包装设计。

天然材料以其可节约资源、节约能源以及环保可降解的特点，成为节约型包装设计的首选材料（见图 1-16）。利用自然界本身所具有的物质作为包装原材料，是一种非常经济且节约的方式。如图 1-17 所示，在利用天然材料作为节约型包装设计方面，中国传统的粽子堪称最原始、最经典的案例。粽子是从自然中直接取材，利用芦苇叶、箬叶、竹叶等材料，包装糯米团。在粽子加热的过程中，粽叶的香味能够渗透到糯米中，提升粽子的口感。在食用完粽子后，粽叶还能够在清洗之后被再次使用，节约原料资源。即便粽叶不再被循环利用，其天然有机的特性，能够快速地在自然界中被分解并使土壤更加肥沃，不会对环境造成任何负面影响。选用手工材料也是节约型包装设计的方式之一。手工材料虽然在生产效率方面无法与天然材料相比，但同样拥有环保节能等优势，免去了大型机器生产的过程，避免了在大型机器生产过程中造成的资源损耗。在视觉造型方面，独具匠心的手工材料，更能够在第一时间赢得消费者的关注和喜爱（见图 1-18）。节约、环保的合成材料同样也是节约型产品包装设计的选择之一。目前，可替代塑料的合成材料已逐渐成为全球节约型包装设计师的聚焦热点。越来越多的生产企业不再以石油作为产品包装的主要原材料，转而更多地使用自然有机原料的合成物作为产品包装的原材料。这样不仅能够使产品包装具有天然材料的节能环保优势，还能够使其具有更强的可塑性、更吸引人的视觉效果等特点。

同时，从节约型包装材料的回收与利用角

图 1-16　天然材料包装

图 1-17　粽子是最原始、最经典的包装

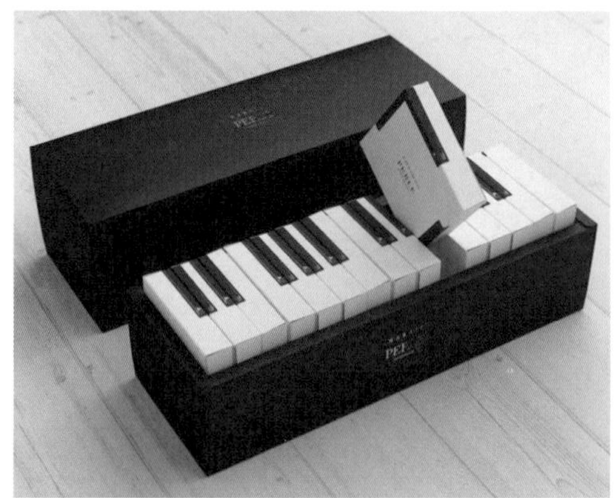

图 1-18　富有创意的包装设计

度，节约型包装设计又可分为可自然降解材料的节约型包装设计、原材料可回收处理的节约型包装设计以及准节约型包装设计。

可自然降解的节约型包装设计是指在设计的过程中，选用了可被大自然自然降解的原材料。这类包装设计，能够充分地减少产品包装在回收利用过程中的自然以及能源资源浪费，同时还能减少环境治理过程中的资源浪费。原材料可回收处理的节约型包装设计，能够使产品包装在失去使用价值后，通过简单快速的处理，重焕新生，减少包装再生产的资源浪费。而准节约型包装设计是指在节约型包装设计的过程当中，选用除可降解以及可回收处理的原材料之外的节约型材料进行设计。准节约型包装设计材料通常有材料利用率高、低成本、可回收焚烧、对大气无污染且能量可再生的特点。例如，部分不可回收的线形高分子材料、网状高分子材料以及部分的复合型材料等。以这些材料设计的产品包装虽然在节约资源以及能源方面不如前两类材料，但在回收方面对环境治理的资源消耗率低，因而被纳入节约型包装设计当中。

1.4.3　按节约型包装设计的使用效果分类

不同的节约型包装设计因结构设计、材料选用、外观设计以及使用方法设计等各异，所最终形成的使用效果各不相同。根据使用效果，可将节约型包装设计分为高效型、中效型和低效型。

高效型节约型包装设计是指实现了极佳资源节约效果，即资源使用最少、资源和能源利用效率高、资源配置最优、极度轻量化、低成本、对环境影响极小、外形设计与产品主题高度契合并能够有效传达节约型消费观念的产品包装设计。

中效节约型包装设计是指实现了较为能够节约资源、能源以及对环境伤害小，并能够有效地降低生产成本、能够有效传达产品理念的产品包装设计。

低效节约型包装是指能够初步实现资源的消耗减量化、一定程度地降低生产成本、对自然环境伤害较小，并且初步具有一定的节约理念的产品包装设计。

当然，节约型包装设计本身是一个发展的过程，今天的低效节约型包装设计也许会成为明天的高效设计，这离不开科技的发展以及产品包装设计师的不懈努力。

1.4.4　按节约型包装的设计类型进行分类

从设计本身出发，节约型包装设计可划分为节约型工业包装设计和节约型商业包装设计两大类型，但这两类往往存在内容重合的部分。

节约型工业包装设计主要是针对商品在运输过程中、储存保护以及搬运过程中需要的运输包装或大包装进行设计，设计的重点主要集中在如何以最少的资源消耗以及最低的成本，设计出能够有效保护所承装物品的安全性的产品包装。工业包装通常形态较大，例如人们在购买大型商品时常见的电视机、洗衣机、家具、空调、空气净化机等产品的外包装（见图 1-19）。

图 1-19　工业包装

图 1-20　节约型商业包装

节约型商业包装设计是指针对产品在销售过程中，直观展现在消费者面前的产品包装设计。该类产品包装的设计，不仅需要以承装商品的安全保护性为设计目的，还要在不对自然资源、能源以及自然环境造成负担的前提下，以产品理念、企业文化，以及产品的促销为主要设计目的。此类型包装设计又被称为销售包装设计，相比工业包装设计，是较小的包装设计种类，当然其中也不乏一些较为大型的包装设计品。如图 1-20 所示，人们生活当中更多见到的产品包装，都是此类型产品包装。例如，大部分的日用品包装、食品包装、医药包装等。

而无论是节约型工业包装还是节约型商业包装设计，在设计的过程中都应在进行防水、缓冲、压缩、真空、无菌、通风等功能性设计的同时，充分考虑可节约因素，将资源的消耗量以及环境的损害程度降至最低。

1.4.5　按节约型包装设计的设计方法进行分类

节约型包装设计是一种综合性的设计学科，它不仅需要对包装设计的功能性进行学习，同时还需要结合多种学科门类、多种文化进行设计。以不同的设计出发点进行节约型包装设计，所使用的设计方式也不尽相同。从节约型包装设计的设计方法出发，可分为模块化设计、循环化设计、组合化设计以及可拆卸化设计等类型。

模块化设计是目前较为常用的节约型包装设计方法。如图 1-21 所示，其主要方法是将产品包装的不同部分、功能，或相同功能的不同部分进行拆分式的模块化设计。在各模块设计完成之后，可根据消费者或产品自身的包装需求，对各模块进行排列和重组，进而形成不同的节约型产品包装，实现资源利用效率的最大化，降低产品包装的生产和设计成本，提高产品的更新和迭代速度。而在产品包装使用完毕之后，其模块化的

图 1-21　模块化包装设计

设计方式亦有利于其拆解和回收。

同时，循环化设计也是节约型包装设计的有效方法之一。其核心主要是在设计的各个阶段，充分考虑产品包装的可回收性以及循环利用性，以及产品包装的回收处理工艺；充分考虑在产品包装被回收之后，其各个部分在被拆解后，能否继续发挥其他的资源节约、能源节约的作用。

1.5　节约型包装的设计目的

节约型包装设计除了实现普通包装设计的保护产品安全性和质量、促销产品、占有货架位置等基本设计目的和功能外，还有一些特殊的设计目的。而这些设计目的的实现，不断为产品包装设计的发展带来着新的可能。节约型包装设计主要的设计目的包括：减少自然资源及能源的浪费、保护生态环境免遭破坏、降低产品包装生产成本提升产品竞争力、引导节约型消费观，以及引领包装设计行业向绿色、健康的方向发展。

1.5.1　减少资源及能源浪费

包装设计发展至今已取得了不少的成就，但仍然存在突出问题。功能欠缺、创新不足以及过度包装等问题屡见不鲜，而这些问题都会严重导致资源以及能源的浪费。

首先，包装的外观和结构设计作为包装设计的一个重要的环节，其最重要的任务应当是保护产品的安全性和保证产品在运输过程中的便利性，以及通过视觉的形式传达产品和企业文化。而目前一些产品包装设计，过分注重视觉效果，采用浮夸而不符合产品本身形态的结构形式、不契合产品内涵的视觉形象，甚至选用华而不实的材料，滥用着色剂。这些问题，不仅造成产品包装本身功能的欠缺，更造成了严重的资源、能源

图 1-22　包装废弃物随意丢弃造成的环境污染

浪费和产品包装发展的滞后。

同时，产品包装首先应反应产品自身的属性，而并非盲目的设计。在产品包装的设计过程中，包装设计师需要对产品本身具有深入而细致的了解，而不是一味地对同类经典包装设计模仿和抄袭。而这种缺乏创新性质的包装设计，势必会造成产品包装与产品性质的不符，导致一定程度的资源浪费。

时至今日，过度包装已成为最常见的问题之一，尤其是在素来崇尚“礼尚往来”文化的中国屡见不鲜。过度包装，即在包装的结构和大小设计上，没有按照被包装的产品自身大小和结构进行设计，在产品包装和产品的形体之间产生了较大的空间差距。这种差距，往往需要各类填充物进行补充。同时，在包装材料上大肆选用贵重、珍稀的材料，导致包装本身的价值往往超过了被包装物。这类型包装虽然在很大程度上满足了消费者的“面子”心理，但其背后是巨大的资源、能源量费，势必为人类后续的发展带来无限的隐患。

综上所述，节约型包装设计旨在通过对产品包装的结构、形态、视觉呈现、选材、使用方式等方面进行节约化的设计研究，解决产品包装功能欠缺、创新不足以及过度包装的问题，设计出合理化、轻量化和创新的产品包装，从而达到避免或减少资源和能源浪费的目的。

1.5.2　保护生态环境免遭破坏

节约型包装设计的另一个主要目的是保护生态环境免遭破坏。地球的自然资源分为可再生资源与不可再生资源，若不可再生资源在包装生产的过程中被滥用并在废弃后被随意丢弃，那么将导致严重的生态平衡紊乱，甚至造成部分物种的灭绝，最终受害的将是人类自身（见图 1-22）。例如，木材作为包装用纸最常用的原料之一，具有环保、可回收、可循环，以及可降解的优点，被产品包装设计师所青睐，但是过度地使用木材，可能导致大面积的森林消失，致使部分地区生态环境失衡。因此，在节约型包装设计的理念下，合理、节约地利用自然资源，必定是包装设计行业的研究重点之一。

设计可重复使用、可回收利用、资源可再生以及可降解的产品包装，都是节约型包装设计的研究和设计范畴。而这些包装特性的实现，能够充分地保护地球的生态环境免遭破坏，实现产品包装的可持续发展。

1.5.3 降低生产成本，提升产品竞争力

节约型包装设计在资源使用方面的节俭化、减量化，对于产品生产商来说无疑是一项双赢的举措。首先，对于资源配置的优化以及耗费量的减少，能有效地减少产品包装的生产成本，从而使选用了节约型包装的产品在同类型产品当中，较未使用节约型包装的产品，更具有价格优势，在市场流通中更具有产品竞争力，从而实现产品生产到销售的良性循环。

同时，使用了节约型包装的在被使用后，其包装往往无须过多的回收和处理成本，因此能够更多地得到市场的青睐，具有较强的产品竞争力。

1.5.4 引导节约型消费观

节约型包装设计较普通包装设计而言，不仅具有资源环境治理优势，可为生产企业带来经济利益，还能够在整个社会当中引导健康、绿色的节约型消费观。

第一，节约型包装设计崇尚绿色环保，倡导科学消费观。节约型包装设计从产品包装的设计、选材、制造工艺等方面出发，提醒消费者的购买行为不应以消耗自然资源、破坏环境为代价，引导消费观向科学、健康、和谐的方向发展。

第二，节约型包装设计能够充分实现资源的优化配置，并提倡适度消费观。随着全球经济的不断发展，现代消费者逐渐由过去的单纯为满足生活必要需求的消费，演变为追求心理上的消费欲望满足，一些产品为了迎合消费需求，包装设计存在巨大的资源浪费。节约型包装设计，则从产品包装设计的角度，从设计生产的源头优化资源配置，同时从包装的外观、文字、色彩、造型等各个角度，在鼓励市场发展的前提下，提倡消费者进行适度消费。

1.5.5 引领包装设计行业向绿色、健康方向发展

人类社会由农业社会到工业社会，直至发展至今日的信息社会，生活方式的转变逐渐使人们远离大自然，对于自然资源的消耗亦越来越严重，导致资源的匮乏和生态环境的破坏。人们已经逐渐意识到资源和环境的可持续发展的重要性。节约型包装设计强调在遵循生态规律和社会发展现阶段的审美前提下，以充分节约资源为设计核心，创造出符合当代自然人文情怀的产品包装，它带给人的不是短暂消费诱导，而是持久的物质与精神享受。节约型包装设计作为资源、环境可持续发展的有效途径之一，肩负着引领包装设计行业向绿色、健康方向发展的责任和义务。

课后习题

1. 简要叙述节约型包装设计的基本概念。
2. 举例说节约型包装设计的基本特征。
3. 按照节约型包装设计的各个分类方法，收集实例并进行归纳和总结。
4. 简要叙述节约型包装的设计目的。

第 2 章

节约型包装设计的主要内容与流程

2.1 节约型包装设计的主要内容

产品包装作为产品的“衣裳”，其本质是产品自身的重要组成部分之一，是产品抽象内涵的具象表现形式，更是传达产品理念、企业文化的载体和途径。节约型包装设计，是从节约型包装设计理念提出到最终成形、生产的研究和创意设计过程，是保护商品、运输商品、储存商品、承载商品和企业文化、促进商品销售、节约自然资源和能源、保护生态环境免遭破坏、最大限度降低产品包装生产成本、大幅度提升产品价格竞争力，以及在全社会倡导节约型消费文化的有效手段。

如图 2-1 所示，从节约型包装设计的各个必要组成元素出发，可将其主要设计内容划分为 5 个方面：①节约型包装的造型设计；②节约型包装的结构设计；③节约型包装的材料选用与设计；④节约型包装的外观视觉传达设计；⑤节约型包装的使用、再利用方式的设计。只有从这些方面进行全方位的设计，才能够从多角度实现一款优秀的节约型包装的产生，充分发挥设计的资源优化调配作用，实现节约型包装设计的最终目的。

2.1.1 节约型包装的造型设计

包装的造型设计，即对包装的外部容器的形态进行设计。对包装的造型进行设计，需要在保证产品包装基本功能。例如，在承装产品、保护产品安全性、保证产品质量等基础上，根据承装产品自身的视觉形态和产品所要传达的销售理念，根据时代通用的审美法则，对产品包装的整体形态进行设计的创意产生过程。换而言之，产品的包装设计不仅是具象包装实物产生的过程，

节约型包装设计主要内容

造型设计　结构设计　材料设计　外观设计　使用设计

图 2-1　节约型包装设计的主要内容

更是一种抽象概念和审美文化诞生的过程。

而节约型包装的造型设计，则是在普通包装造型设计的基础上，将包装的造型结合轻量化设计原则，对资源、能源等耗费最小，对自然生态环境损害程度最低，并且能够实现有效控制生产成本的包装造型形式。同时在视觉审美方面，节约型包装的造型设计应传达出简约、时尚、绿色、健康的文化与审美趋向。

产品包装的造型设计是将抽象概念具象为立体实体形态的表现过程，换而言之，即是指一种具有概念表现意图的立体构成设计。节约型包装的造型设计也不例外，并且需要在立体构成设计的基础上，结合被包装产品本身的性质、形状、数量，以及产品所要传达的销售理念，将资源节约与环境保护的概念融入其中。同建筑设计以及其他工业产品的造型设计相同，节约型包装的造型需要符合一定的造型与审美法则。

1. 简约与时尚

如图 2-2 所示，节约型包装造型设计首先应从整体形态的角度，做到富有简约与时尚感。包装的简约与时尚感，不仅能够在视觉上具有鲜活的生命张力和强烈的视觉冲击力，同时还能够因其造型的简洁特性充分地降低资源以及能源的消耗，节省不必要的生产加工工序，从而降低产品包装生产成本，提升产品价格竞争优势。

图 2-2　节约型干果包装设计

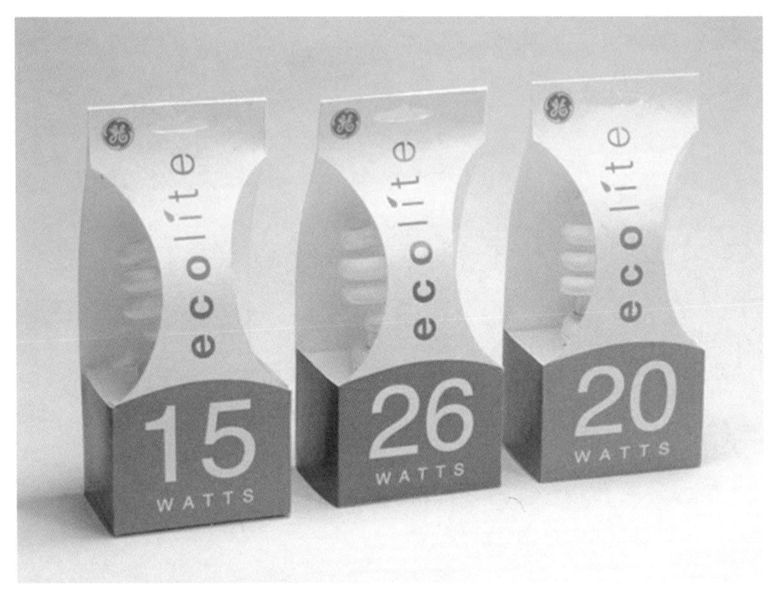

图 2-3　节约型灯泡包装设计

2. 比例与平衡

如图 2-3 所示，节约型包装造型设计要注意包装的局部设计与整体形态之间的平衡。此外，包装设计的减量化和简约化要同时运用在包装造型设计的局部与整体当中。只有当一个立体形态各部分之间的比例关系协调，并符合一定的平衡审美规律时，才能够为消费者带来视觉上的享受和精神上的愉悦感，从而带动消费者的购买欲望。

3. 统一与强调

在节约型包装造型设计的过程中应尽量减少资源的消耗，在设计中实现资源的优化配置，将资源更多、更合理地利用在包装的重点部分，起到强调重点的作用，而包装造型中的次要部分，则可尽量地减少稀有原材料和成本的消耗。同时，对于重点的突出，不可忽视整体的统一和协调性。

4. 节奏与韵律

如图 2-4 所示，一个好的节约型包装设计就像一篇优美的乐章，节约并不代表缺乏美感和平铺直叙，而应是一种古拙、简朴，抑或是简洁而具有未来感的美。这种美兼具节奏与韵律。而这种节奏与韵律的美，需要通过节约型包装的造型设计最直观地表现出来。

节约型包装的造型设计不能独立于其他设计内容单一而论，只有与产品主题理念、产品包装的结构、产品包装的视觉传达设计、产品包装的使用方式设计等方面有机地结合、互相协调，才能够真正地展现其审美、理念和文化优势。

图 2-5 所示为一款创意的调味瓶包装设计，这款产品的外包装使用了耐用的再生纸、再生纸板和水性胶粘剂而制成，内包装巧妙地运用了大蒜的造型，将模仿大蒜造型的调味瓶用仿大蒜皮的可降解环保包装纸进行包装。如此充满创意和

图 2-4　富有节奏动感的节约型有机牛奶包装设计

趣味的产品包装造型设计，不仅能够以简洁而生动的外包装造型形象快速吸引消费者的眼球，达到极好的产品促销效果，更能够以巧妙的内包装造型为初次打开外包装的消费者带来意想不到的惊喜。

2.1.2　节约型包装的结构设计

包装的结构设计，即对包装的外部、内部的构造形态进行设计，并结合被包装物的外部形态的要求以及包装材料的选材性质和成型方法，依据一定的科学原理和审美要求，设计出能够有效保护产品安全性，方便产品的运输、保存、使用，以及促进产品销售的包装结构，达到合理、科学、美观的目的。同时，产品包装的结构是产品本身的一部分，因此设计还应充分与产品自身的结构和性质相结合。包装结构的设计还应与商品的销售陈列空间、采光效果、空间性质以及其他同时销售的商品之间的视觉、物理、空间相协调。

以节约理念为核心的包装的结构设计，不仅需要达到以上提到的设计要求，同时还需要在设计中尽量减少不必要的包装体量、包装面积、包装的结构层级和数量，充分实现产品包装在设计、生产、运输、消费过程中的节约化、节俭化和节能化（见图 2-6）。

节约型包装的结构设计本质上是对被包装的产品的容器结构进行设计，因此核心是以最小的资源、能源消耗和环境伤害实现对被包装产品的安全保护。基于不同的被包装物具有不同的产品属性、销售属性以及展示属性，节约型包装的结构有多种形式，主要分为包装容器和盖部两部分。作为产品包装设计的分支设计门类，节约型包装最为常见的包装容器结构类型同普通包装一样主要包括盒（箱）式结构、罐（桶）式结构、瓶式结构、袋式结构、管式结构、泡罩式结构、其他

图 2-5　富有创意的节约型调味瓶包装设计

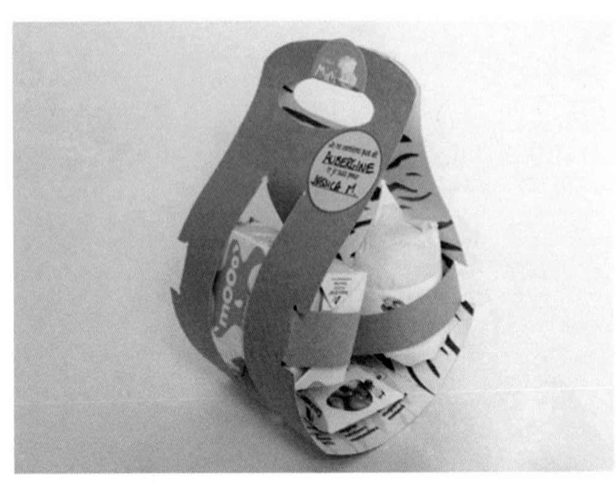

图 2-6　轻量化包装结构设计

异形式结构等。而最为常见的包装盖部设计类型有螺纹旋转式、凸纹式、摩擦式、机轨式、扭断式、撕裂式、易开式、冠帽式、障碍式等类型。从节约型包装特征的自身角度出发，其结构主要分为以下两种。

1. 省料式结构

省料式结构是指在包装结构设计时进行减量化设计，在保证包装结构应必须具备的保护强度的前提下，尽量降低形成包装结构的原料使用，减少资源、能源的浪费。

2. 多功能式结构

多功能结构指在保证包装结构基本保护功能的基础上，通过设计使其与产品包装的使用方式相结合，令其兼顾更多的功用，尽量实现包装在使用过程中的多功能化以及使用后的可再利用化（见图 2-7）。

其中，多功能式的结构又包括可直接利用的结构形式和可间接利用的结构形式。可直接利用的结构形式是指产品包装在具有除了包装产品之外，还具有其他的附加功能。例如，某些护肤品、化妆品的包装，带有可涂抹功能的面刷等；可间接利用的结构形式，是指通过对产品包装的结构进行有效的设计，使其具有一定的可利用性和可再创造性，可通过一定说明或介绍，使消费者对其进行改装、再利用、再创造，实现产品包装生命力的延长。

图 2-8、图 2-9 和图 2-10 所示为由中国优秀平面设计师许力设计的林云笔坊两用包装。在产品未使用之前，产品的包装可作为产品的承载物，而当消费者将包装中的毛笔取出后，即可按照图示说明将包装进行改造，使其成为一款与产品配套，并具有较强实用性和较高审美价值的毛笔架，为本该被废弃的包装注入了新的生命。又如某些儿童饮品的包装，在饮用完后，可通过改装成为儿童玩具或文具，这不仅使产品包装在销售时更具吸引力，同时又能够延长产品包装的使用寿命，使产品包装不会被随意丢弃，从而有效地解决资源浪费以及环境污染等问题。

然而，节约型包装的结构设计同样不能够单一而论，需要与产品的销售理念、包装的造型、

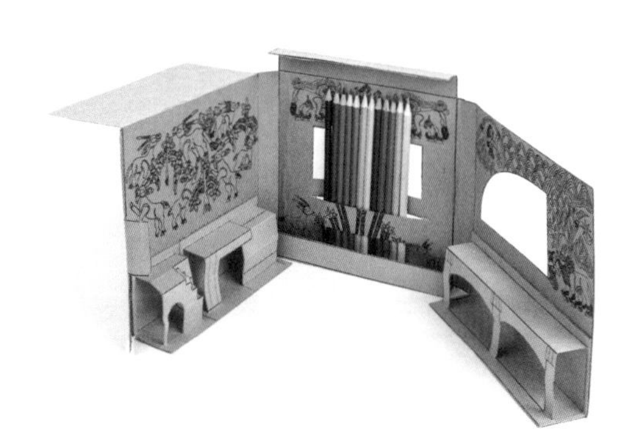

图 2-7　多功能彩铅包装设计

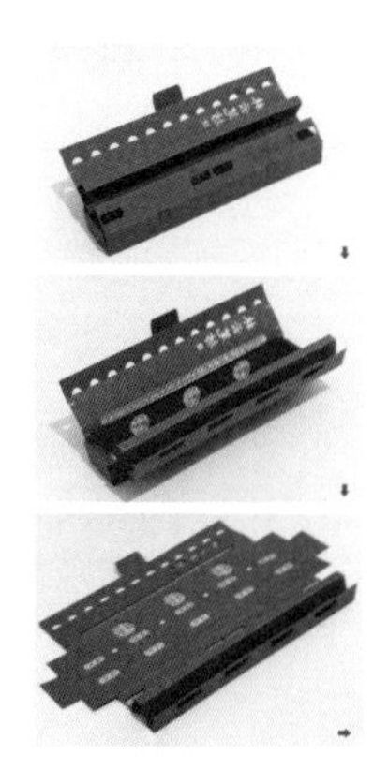

图 2-8　林云笔坊两用包装设计 1

图 2-9　林云笔坊两用包装设计 2

图 2-10　林云笔坊两用包装设计 3

包装视觉传达以及包装使用方式相结合，对不同节约型包装材料进行深入分析，进行结构与材料性质、功能相符的设计。这样才能实现一款成功的节约型包装设计作品。

2.1.3　节约型包装的材料设计

包装的材料设计与选用，是指根据商品的性质、特征，对包装容器、包装装潢、包装印刷、包装运输等用于包装设计生产所需要的所有材料进行的设计与选用。如果说包装的造型与结构是包装的骨骼，那么包装所选用的材料则是它的血肉。一个产品包装所选用的材料，直接决定了其不同的制作工艺和其材质肌理所产生的视觉、触觉等心理情感感受。同时，不同的包装材质决定了其具有不同的性能，能够带给承装物不同的保护、保质等作用。因此在进行包装设计时，只有深入地对不同的材料进行研究，了解不同材质的优势、劣势并结合包装的造型、结构、视觉传达设计等元素加以合理利用，才能够设计出成功的产品包装。

包装材料的设计和选用，是节约型包装设计的重要设计内容之一。它要求在符合产品销售理念，对所承装的产品起到运输、保护、保质、有效促进销售等基本功能外，还应从原材料的选择、产品包装的制造、产品包装的使用、再利用、废弃处理等各个阶段均能够消耗较少的资源、能源，充分符合轻量化设计原则，对生态环境损害较小。同时，在回收利用，或废弃时，能够产生较少的废弃物，并实现废弃包装的可焚烧和可降解，节约包装废弃处理时的资源以及能源浪费。

那么，什么类型的包装材料才能够成为节约型包装材料呢？

传统的包装材料的主要用材包括纸、金属、塑料、玻璃、陶瓷、竹木、野生菌类、天然纤维、化学纤维、复合材料等包装材料。同时，作为包装材料的辅助用材，所用到的包装黏合剂、染色剂、绳带等也都属于包装材料的选用范畴。

而节约型包装材料为达到有效节约资源、能源，有效减轻生态环境破坏、最大限度降低生产成本等目的，势必将杜绝某些传统的具有负面影响的包装材料，并将常用的包装材料根据节约型包装的特性进行重新分类。根据节约型包装材料的特性，可分为天然包装材料、纸质包装材料、可降解塑料包装材料、金属包装材料、陶瓷包装材料、玻璃包装材料、竹木包装材料，以及其他包装材料等。

节约型包装的材料设计与选用，不仅需要以资源、能源节约为出发点进行设计，还应充分与产品本身的性质、产品包装的造型、产品包装的结构、产品包装的视觉传达设计、产品包装的使用方式设计相契合。与此同时，还需包装设计师注意的是，节约型包装的材料设计不仅要遵循以上提到的特性，同时还应注意材料使用的减量化，因为就算使用了节约型材料，但包装材料在数量以及质量上的过度使用，同样无法达到节约、环保的设计目的。

目前，运用了节约型包装材料的产品包装不胜枚举。图 2-11 所示为一款由设计师泰雷扎·德拉布珂娃（Tereza Drábková）设计的乒乓球包装，其采用了环保纸、单色环保油墨以及可降解纤维作为产品的包装材料。同时，在包装的形式上采用了人们小时候常玩的手控纸游戏方式，消费者在使用产品之后，可通过二次折叠，将纸质包装进行翻转，即可进行游戏，实现包装的二次利用。在产品包装经二次利用废弃后，可直接焚烧或被自然降解，不会对自然环境造成污染，同时也节约了治理环境所造成的资源浪费。

2.1.4 节约型包装的外观设计

包装的外观设计，是包装设计环节中的重要一环，属于平面设计的范畴，是直接影响产品销量，体现产品理念、传达企业文化的最主要因素之一。它的主要设计内容是对产品包装的各视觉元素进行设计，其中包括产品包装的商标设计、产品包装的文字设计、产品包装的图形图像设计、产品包装的色彩设计以及产品包装的各类后期处理工艺等。包装外观的设计目的是通过对各视觉元素的设计，将产品的信息以最直观的视觉方式展现给消费者，从而提升产品的销售效果。

节约型包装外观设计除了应实现基本的传达产品理念和促进产品销售的目的外，还应兼具节约资源和能源、节约消费者使用时间、保护生态环境以及宣传节约与环保理念和消费文化的目的。因此，对物质与非物质因素进行综合考虑，节约型包装的视觉传达设计应分别从视觉元素的

图 2-11 趣味乒乓球包装设计

设计以及其工艺和生产的双重角度进行分析和研究。

对于节约型包装外观设计的各视觉元素设计，应从包装的商标、文字、图形图像以及色彩等方面，将节约型包装设计理念融入其中。首先，在商标设计与使用方面，应尽量遵循简约的设计原则，结合产品的相关理念和文化，在视觉设计方面尽量减少冗余与无意义的视觉修饰，不仅能够避免商标的过度装饰，同时还能够为产品包装注入一定的时代感（见图 2-12）；第二，在产品包装的文字设计方面，尽量减少不必要的修饰文字，只留下对于产品信息以及产品宣传的必要性文字（见图 2-13），这样能够有效地减少使用油墨，从而节约生产成本和原料资源，降低对环境的伤害；第三，在图形图像的设计和使用方面，通过选择简约的图形和处理图像来减少油墨的使用，并倡导节约的消费理念（见图 2-14）；第四，在色彩的设计和选用方面，采用单色设计（见图 2-15），并尽可能地利用包装材料的原色，以便充分地节省使用油墨。

图 2-12 简约的产品包装商标设计

图 2-13　仅使用了少量文字的包装设计

图 2-14　简约的包装图形设计

图 2-15　单色包装设计

从节约型包装设计的工艺和生产的角度进行研究，其视觉传达设计还应从以下三点进行出发。

1. 减少印刷面积与使用环保油墨

包装生产产业是一个对资源消耗较为严重、对环境损害较大的产业，其主要原因就是印刷时油墨的使用。印刷油墨在使用的过程中会产生大量的挥发性有机化合物，对人类的健康安全和生态环境安全都会造成隐患。因此在进行包装的视觉传达设计时，应尽量地将印刷面积减至最小（见图 2-16）；在减少印刷面积的同时，还应配合使用无毒、低毒的醇溶和水溶性环保油墨，减轻产品包装最人体和自然的伤害。

2. 采用简化、环保的印后工艺

印后工艺的使用能够有效地减少油墨的使用，常用的印后工艺包括专色印刷、丝网印刷、柔性版印刷、激光蚀刻、特殊墨水和上光图层、压模划痕、特殊折叠、模切刀版、覆膜、烫印、上光等（见图 2-17）。在进行印后工艺的设计时，也应尽量地进行简化处理，减少因工艺的复杂而造成加工环节中的资源浪费和更严重的污染排放。同时，印后工艺容易使得原本较为容易回收的包装材料变得不易回收。例如，覆膜和烫金工艺虽然能够增强包装的美观和防水程度，但因其胶粘剂中含有大量的芳香烃苯等有毒挥发性溶剂，也在一定程度上造成了人体健康和自然生态环境遭到破坏的隐患。因此，在印后工艺的使用和设计上，应尽量减少使用或使用环保的印后工艺替代。

3. 利用自媒介性质引导合理消费

即通过包装的视觉传达设计，传达出对于消费者节约型消费观的引导。类似的方法包括通过对文字、图形图像和色彩的设计直接或间接地引导消费者向健康的消费观念转变，从而形成良性的消费需求—产品与产品包装的设计与生产—产品销售—产品使用的健康节约型消费体系（见图 2-18）。

图 2-16　印刷面积较小的节约型包装设计

图 2-17　采用了环保印后工艺的包装设计

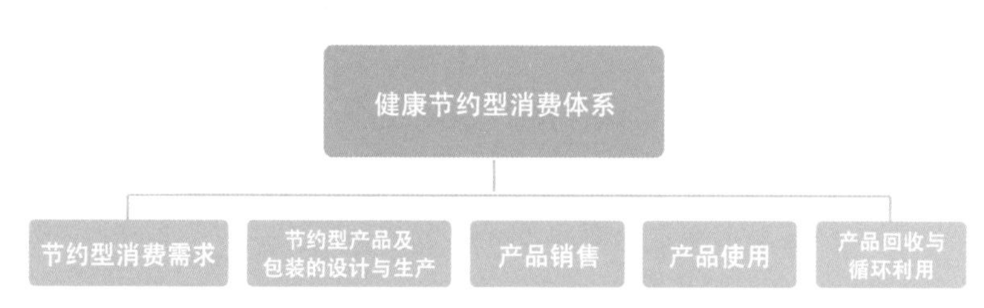

图 2-18　健康的节约型消费体系

目前，在外观设计上应用节约型设计的包装设计作品数不胜数。图 2-19 所示为由设计师萨宾娜 • 珂珂娃（Sabina Kočová）设计的一款狗粮产品包装，在外观方面采用了简约的设计风格，尽量减少文字的使用，并使用了较小的字号，从而减少油墨的使用；同时，使用了较为简化的狗的剪影，这种图形设计形式既能够清晰地表达所要展示的使用方式，又能有效地减少不必要的资源浪费；在色彩上，设计师巧妙地使用了牛皮纸包装的原色，并配合极少量的黑色油墨，减少了油墨的环境危害性。与此同时，此包装巧妙地设计了包装的结构，消费者在打开产品包装后，只需稍做简单的折叠改装，就可以将包装提手制作成计量宠物犬食量的粮铲。

2.1.5　节约型包装的使用方式设计

普通产品包装的设计重点，主要集中在包装的保护功能、运输功能以及销售功能上，往往在承装的产品被取出或使用完毕后，其使用寿命便会终结。而对于节约型包装而言，使用生命力贯穿于从产品生产到被用完产品的各阶段，因此其设计重点还包括对包装的使用方式的设计。节约型包装的使用方式设计是融合在设计要素之中的，只有从全方位、多角度充分融合节约型包装设计理念，才能够设计出优秀的节约型包装设计作品。

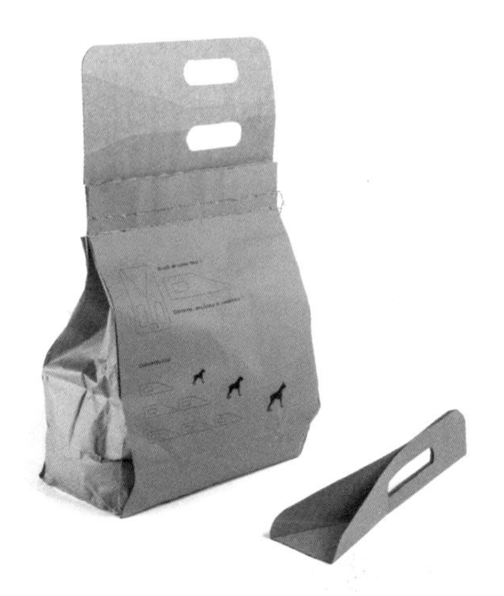

图 2-19　节约型狗粮包装设计

节约型包装设计是一种有效延长产品使用寿命的手段，在设计使用方式时，应尽量遵从多功能化原则、便捷化原则以及模块化原则。

1. 多功能化原则

如图 2-20 所示，在设计节约型包装的使用方式时，应尽可能地赋予与产品本身或产品概念相关的其他功能，使产品包装具有辅助产品使用或增添产品趣味、吸引力的功能。产品包装的多功能化设计，不仅能够避免对产品本身功能补足品的生产所产生的资源浪费，从而延长产品包装的使用寿命，同时还能够减少包装回收时所产生的资源浪费和环境污染。

2. 便捷化设计

如图 2-21 所示，便捷化设计指产品包装的使用方式设计，要尽可能地为消费者提供便捷的使用体验，而这种便捷主要体现在节约消费者学习怎样拆借产品以及学习使用产品包装的时间上。节约型包装设计应通过包装的造型、结构、材料、外观等方面，直接或间接地暗示和引导消费者，使消费者在第一时间自然而然地学会拆借或使用产品包装。同时，对于一些具有多功能化特点的节约型包装，设计师应通过最简单的引导和教学符号、图形图像和说明文字有效节约消费者去学习改装的时间。

3. 模块化设计

包装设计的模块化与其多功能化和便捷化相辅相成。模块化是指在进行使用方式设计时，尽可能地将包装具有不同功能、不同利用价值和回

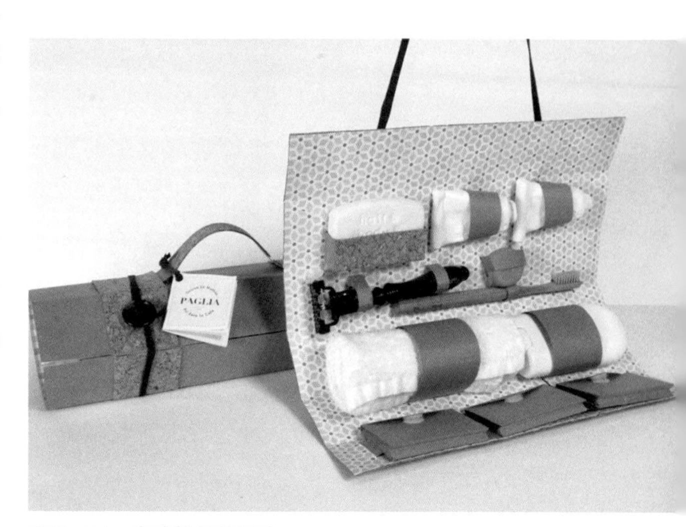

图 2-20　多功能包装设计

图 2-21　便捷化彩铅包装设计

收价值的模块进行分割化设计。这种设计方式能够使消费者有效地保留和利用产品包装中具有循环价值的部分，回收或废弃无直接利用价值的部分，能够有效地避免资源的浪费和环境的破坏。同时，模块化设计还能提高空间利用率。

2.2　节约型包装设计的基本流程

节约型包装设计是一个综合而复杂的设计流程，融合文化人类学、人体工学、心理学、社会学、材料学、化学、物理学等相关学科，在普通包装设计流程上，结合节约型包装设计理念，实现最终设计与生产成型。如图 2-22 所示，目前常用的节约型包装设计流程为：①与客户进行沟通；②产品品牌与形象构建；③前期调研与产品分析；④节约型产品包装设计提案的拟订；⑤深化节约型包装设计提案；⑥市场调查与反馈分析；⑦节约型包装设计的修改与完善。

2.2.1　针对设计目标进行客户洽谈

包装设计是一项专业性较强的设计行为，一个成功的包装设计，离不开设计师与客户之间的有效沟通。设计师需在设计之前，和客户（即产品生产企业或产品包装生产企业）充分良好地沟通，详细了解设计任务。

设计师不仅需要在产品包装设计之前与客户

图 2-22　节约型包装设计的基本流程

仔细沟通，同时都应该保持充分的沟通，在节约型包装的造型设计、结构设计、外观设计、材料选用和设计、使用方式设计等设计环节中，不断地与客户进行交流，了解客户需求、产品概念、企业文化、产品自身特性、产品的使用对象、产品的销售方式、产品的设计背景、产品的包装，以及具体的节约型包装设计所涉及的相关法律规定等可参考因素。

在和客户充分沟通后，须进一步签订具有法律效力的合同，明确客户设计需求和设计进展流程，并通过预付款的形式，确保工作顺利进行，维护设计师自身以及客户的权益。

2.2.2　产品品牌与形象构建

产品品牌与产品形象的构建阶段仅限于在那些产品和产品包装同时进行设计的包装设计流程中。产品的品牌与形象构建是节约型包装设计的前提，决定着一个产品包装设计未来的走向。产品包装的品牌与形象设计需要与产品包装的各个设计元素相辅相成、相结合进行设计，其中包括产品的 logo 设计、文字设计、色彩设计、图形图像设计、展示设计、周边相关产品的设计等。同时，产品的品牌与形象设计还应以产品的价格为重要依据。根据第一步中与客户沟通的结果，了解产品的潜在消费者的性别、年龄、文化程度、社会阶层、经济状况等，从而有针对性地对产品的品牌和形象进行设计。

节约型包装设计通常是以传达节约、环保的理念为设计目的的，其服务的承装对象产品往往也是具有节约和环保需求和企业文化的产品。因此，在进行产品品牌和形象构建的时候，有意识地融入节约型设计理念，能够更好地同节约型产品包装相结合，从而传达出健康、绿色的产品企业文化，达到更好的企业和产品的宣传作用。

2.2.3　前期调研与产品分析

下面正式进入节约型包装设计流程。这是保证产品包装设计成功达到节约、环保的目的，并且能够适销对路的重要环节之一。前期调研主要包括对资源能源条件的调研、对生产地和销售地环境现状的调研、对市场条件的调研、对生产工艺水平的调研、对可使用的包装材料的研究现状的调研以及对类似产品包装的使用者的使用反馈情况进行调研。

产品分析主要包括对产品性能及其特点的研究、产品生产、使用和回收对于资源和能源的消耗情况的研究、产品生产、使用和回收过程中对于环境的影响研究、对于产品使用方式的调研等。

节约型包装设计的产品调研和产品分析在整个设计流程当中起到承上启下的作用，是对客户洽谈以及产品品牌和形象构建的总结和归纳，进而转化为可用于具体设计的重要参考因素，实现设计流程的条理化和设计目的的明确化。

2.2.4 节约型产品包装设计提案的拟定

在掌握了客户需求、产品品牌形象定位以及市场现状和其他相关因素之后，就需要结合被承装产品的特点，例如气体、液体、固体、膏状体等性质，从节约型产品包装的承装形式设计、造型设计、结构设计、材料的选用与设计以及使用、回收和循环利用方式设计等方面进行设计。

在节约型包装设计的初始阶段，可在遵循减少资源、能源消耗、有效降低包装生产成本、保护环境免遭破坏的节约型包装设计理念前提下，充分地发挥创意，可通过头脑风暴的方式，集思广益，大胆地提出各种设计可能和奇思妙想，继而从众多想法当中，结合研究结果进行分析和筛选，选择最节约资源和能源、对自然生态环境伤害最小、生产成本最低并且最利于销售和吸引消费者的创意设计点。

节约型产品包装设计提案的初步拟定主要包括 5 个方面，分别是设计草案的构思、构图设计、配色的选用和拟定、材料的初步范围拟定以及其他表现手法的初步提出等。

2.2.5 深化节约型包装设计提案

节约型产品包装设计提案初步拟订后，需要对提案逐步深化设计并提炼加工，从先前创意和概念化的设计思路层面，逐步参考结合相关制约及影响因素。根据基本的设计思路，确定产品包装的具体类型及设计参数，设计具体的包装造型、结构、外观、材料等，并进行平面三视图以及三维立体效果图的绘制和制作。需要注意的是，节约型包装设计需要在设计的每一个环节以及细节设计当中，以节约型设计理念为出发点和核心。因此，在此设计环节中，应主要注意以下 7 点。

1. 设计的节约性

包装的生产所耗费的资源和能源是否被降到最少，实现包装设计的轻量化；产品包装在使用的过程中是否能够节约消费者的时间和空间；包装在使用后的回收和利用过程中是否能够避免不必要的资源和能源浪费。

2. 设计的环保性

包装的材料选用和生产工艺过程是否将对生态环境的负面影响降到了最小；包装在使用中或使用后的回收利用和集中废弃过程中是否能够减少或消除对于环境的污染。

3. 设计的安全性

产品包装对被承装产品是否起到了应有的保护功能，是否能够保护产品在运输途中不被虽坏，质量不造成损失。

4. 设计的促销性

产品包装是否具有较强的视觉辨识度和吸引力，是否在将成本和资源消耗降至最低的基础上，对产品充分进行了从包装造型、结构、材料、外观以及使用方式上的以增加产品销量为目的的设计。

5. 设计的便捷性

包装的使用方式是否能够给消费者带来便利；包装的携带和运输是否便捷；包装的回收和

废弃方式是否具有便捷性的特点。

6. 设计的审美性

包装的视觉传达设计是否注重审美性，是否能够为消费者带来视觉上的享受，并引导消费者的审美观向健康、绿色、环保的方向发展。

7. 设计的文化性

包装设计是否在兼具节约、环保、审美等特性之外，还能够通过设计的方式传达节约、健康、可循环的消费文化，引领全社会向更好的方向发展。

2.2.6 市场调查与反馈分析

将初步成型的节约型包装局部试验性地投放到市场进行测试，就对资源环境的影响程度、消费者的关注度、消费者的购买程度，以及是否满足预期消费群的需求等进行调查，收集并处理信息。通过对调查结果进行分析、研究和归纳，总结出节约型包装设计需要进行进一步修改的内容，以便在设计的最后阶段修改与完善。

2.2.7 节约型包装设计的修改与完善

修改与完善，是节约型包装设计的最后一步。在整体的项目设计过程中，如果前面流程进展得细致，那么本步骤就会进展得更顺利。根据市场调查与反馈分析结果，通过与客户沟通，充分地深化设计，进行修改调整。接下来，进入最后的印刷与校验阶段：校对，打样，制版，出片，印刷，后道，成品，交付。客户验收确认后，支付项目的尾款，最后大规模地正式地投放市场。至此，完成一款节约型包装的设计全过程。

当然，节约型包装设计的设计流程并不是教条的，包装设计师可根据实际的项目特点和客户需求调整项目设计流程顺序，以达到灵活设计的目的。

课后习题

1. 简要叙述节约型包装设计的主要内容。
2. 结合实例，概括节约型包装设计的基本流程。

第3章

节约型包装的外观设计

3.1 节约型包装的文字设计

3.1.1 节约型包装文字设计的概念与类型

文字，是具有极强传播性、文化感染力和生命力的视觉元素之一，又是人与人之间情感沟通的桥梁，具有其他视觉元素不可替代的信息传播优势。对于相同语言环境下的消费者来说，文字具有传达产品理念、介绍产品基本信息、介绍产品以及其包装使用方式的作用；而对于跨语言环境的消费者而言，文字还具有图形符号的功能，起到视觉审美上的装饰作用。

一个完整的节约型包装，有时可为达到节约的目的，忽略产品包装的图形、图像元素，甚至仅仅使用单色进行设计，但无论怎样进行简化设计，也不可能将包装中的文字信息进行省略（见图3-1）。这是因为，文字信息承担着一个产品包装的最基本功能——传达产品信息的功能。因此，对于节约型包装的视觉形象设计而言，文字的设计可谓是最重要的视觉设计元素之一。

从不同的文字用途出发，节约型包装中的文字设计主要包括对商标与品牌文字、产品信息说明文字、产品使用方式说明文字、广告文字等文字元素的设计。

1. 商标与品牌文字

如图3-2所示，商标与品牌文字指包装上用于介绍产品品牌名称、产品名称、产品生产厂商名称等信息的文字内容。因此这部分通常作为产品包装的最重要部分被放置在最为突出和醒目的位置，并需要从色彩、明暗等角度进行强化。根据不同的信息重要级别，视觉层次划分应该为（从重要至非重要元素）：产品名称—产品品牌名称—产品生产厂商名称。对于节约型包装而

图 3-1　以文字元素为主的节约型酒包装外观设计

图 3-2　采用了文字形式的商标与品牌设计方式的节约型包装

言，在进行商标与品牌文字设计时，应尽量减小其面积大小和附加工艺的使用，避免在印刷和生产制作过程中造成不必要的资源浪费、油墨污染，以及附加印后工艺所造成的环境污染和二次处理导致的资源消耗；同时，在文字的造型设计中，应尽量做到简约和美观，引导消费者对具有二次循环利用价值的产品包装进行保存和再利用。

2. 产品信息说明文字

产品信息说明文字指那些包装中针对产品的成分、容量、规格等进行介绍的说明性文字。节约型包装上的产品信息说明文字的设计应尽量简化和精练，省略不必要的修饰性词语，采用便于识别的印刷字体，并缩小文字所占用的面积和减少文字的色彩种类。

3. 产品使用方式说明文字

产品使用方式说明文字指产品包装中介绍产品使用方式或使用步骤的说明性文字。在节约型包装中，产品使用方式说明文字的设计应尽量简化，必要时可与简单的图示说明相结合，这样能够充分节约消费者学习使用产品和产品包装的时间。

4. 广告文字

广告文字即产品包装中宣传产品优势，具有产品促销性质的文字，通常此类文字排版形式自由多变。在节约型包装设计中，广告文字的设计应尽量简化或通过包装本身的造型和结构等其他非消耗性设计的部分进行替代，实现较少的广告文字或无广告文字，进而杜绝不必要的印刷资源浪费。

3.1.2　节约型包装文字设计的特点

节约型包装文字的设计与普通包装文字设计的特点不尽相同，需充分地在节约自然资源、能源，并且保护自然环境免遭破坏等设计前提下进行设计。因此，节约型包装设计又具有文字使用的减量化、字体选用和设计的简约化、文字色彩使用的单一化以及文字排版的创意化。

1. 文字使用的减量化

如图 3-3 所示，文字使用的减量化是指节约型包装的文字设计与使用应尽量地减少文字的数量、减少占用的文字印刷面积、减小文字的字号大小等，以便在进行印刷和生产时，最大限度地节约印刷所耗费的资源和限制印刷油墨造成的污染。

图 3-3　采用了文字减量化设计的牛奶包装

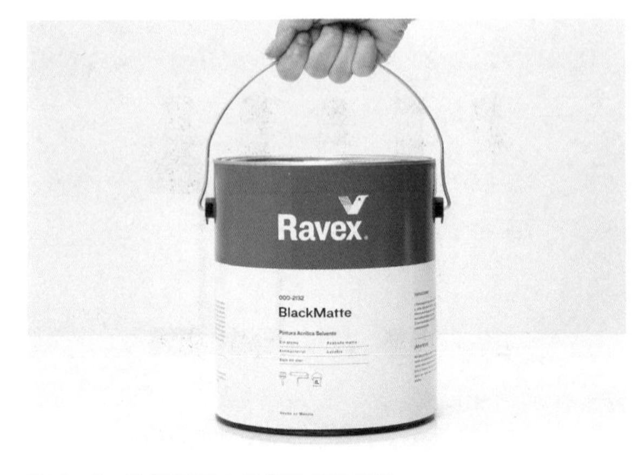

图 3-4　涂料包装中的简约字体设计

2. 字体使用的简约化

如图 3-4 所示，字体使用的简约化即指在字体的选用和设计方面，以较为简约的文字字体表现风格为主，这样不仅能够减少复杂字体的使用带来的印刷资源浪费和油墨污染，还能够使文字本身呈现出一种清新自然并具有时代感的视觉状态，带给消费者节约、绿色、环保、时尚等正面的心理引导效果。

3. 文字色彩使用的单一化

如图 3-5 所示，节约型包装的文字设计不仅具有文字的减量化和字体设计的简约化特点，还应在文字颜色的使用上尽量只使用单色字，以减少复合颜色所造成的油墨浪费和污染。同时，甚至可通过某些例如激光蚀刻等技术，以工艺代替传统油墨的使用。

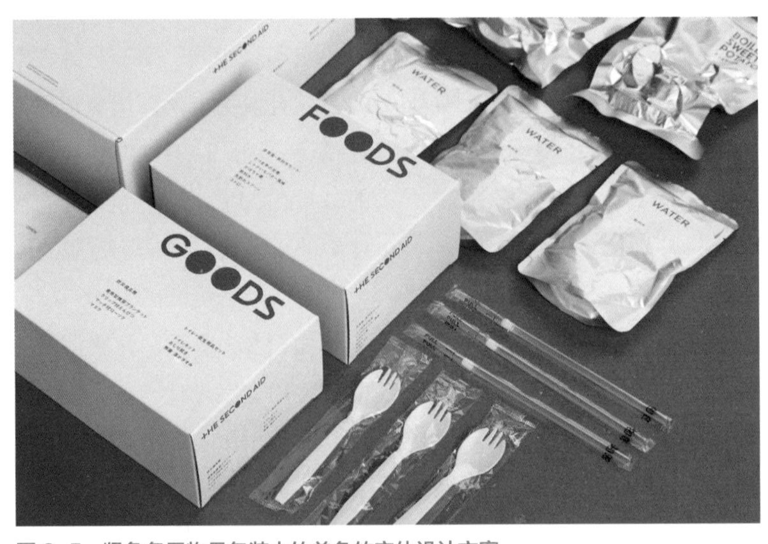

图 3-5　紧急备用物品包装中的单色的字体设计方案

AGRICULTURAL
PRODUCTS
20

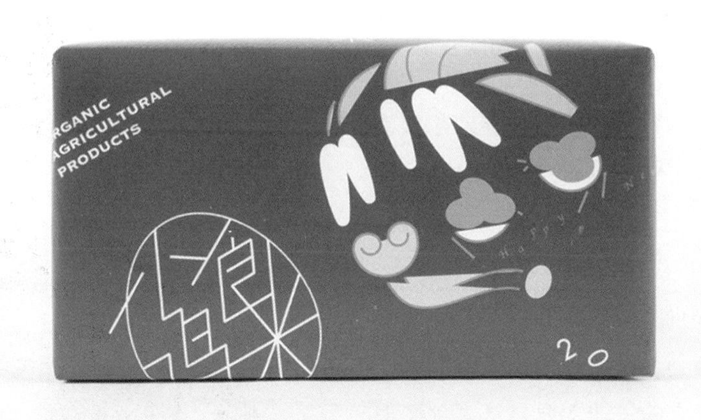

图 3-6　节约型包装中的字体排版设计

4. 文字排版的创意化

如图 3-6 所示，文字排版的创意化，即在节约型包装的文字排版设计中更多地使用具有创意性以及布局巧妙的排版形式，这样不仅能够给消费者留下深刻的印象，引导消费者留存产品包装，得到产品包装的二次利用，杜绝资源材料的浪费，同时还能够弥补文字减量化、字体使用的简约化和文字色彩使用的单一化造成的缺乏视觉冲击力和吸引力的缺陷。

3.1.3　节约型包装的字体风格设计

产品包装的字体风格设计是展现产品理念、传达企业文化的视觉表现手段之。不同的字体风格往往展现出不同的产品风格，因此在进行包装字体的设计时，应首先对产品以及产品生产企业的理念和文化进行深入的研究和调查，从而设计出符合客户需求的基于产品包装的字体。节约型包装的字体设计需要具备传达“节约”“环保”“低碳”“绿色”等产品和消费理念，因此在进行字体设计时，应尽可能将该理念融入其中。

一般而言，中国的设计师在进行字体风格的设计时，通常将字体的设计分为汉字字体设计（见图 3-7）和拉丁文字体设计（见图 3-8）两种类型。汉字字体设计是指对以象形演变为基础的中文的字体进行设计。

1. 汉字字体设计

汉字自产生至今，经过几千年的演变和改良，已形成一套完整而科学的文字体系。汉字是由象形文字演化而来的，具有高度符号化的特征，是抽象与具象的巧妙结合，蕴藏着中华民族的无限

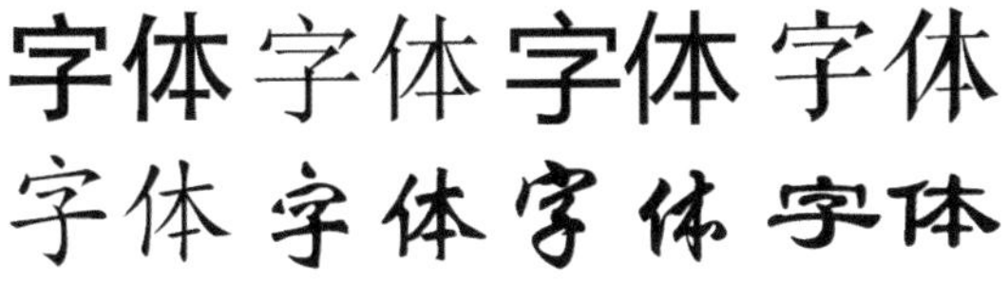
字体 字体 字体 字体
字体 字体 字体 字体

图 3-7　汉字字体

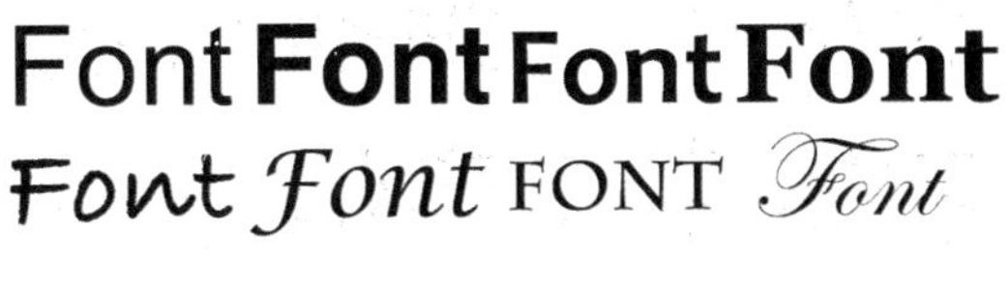
Font Font Font Font
Font Font FONT Font

图 3-8　拉丁文字体

智慧，因此汉字文字不仅具有传情达意的视觉符号功能，更具有感性的浪漫情怀。但汉字的方正结构、结构的复杂性和数量的丰富性导致了汉字在进行设计时较拉丁字体更具有难度，设计师需要对汉字的结构和各类汉字字体具备充分的理解，才能够在进行包装中的汉字设计时更加游刃有余。

汉字字体普遍来说虽较为方正，但其中蕴藏的可变形和可设计潜力也是无限的。通常而言，在包装设计中，对汉字的设计主要包括 4 种图形风格：印刷体、书法体、装饰体和手写体体。针对节约型包装中的字体设计，以上几类字体风格又应遵循一些新的设计原则和方法。

印刷体是节约型包装设计中最常用的字体之一。相比其他字体，印刷体具有字体清晰易于辨认和阅读以及设计效率较高、设计时间短的优势，其视觉呈现形式常常给消费者传达出较为理性、健康、科学、环保、现代和时尚的信息意向，因此在视觉风格上也更加适合运用在节约型包装设计当中。

最常用的印刷体主要包括常见的各类黑体、宋体、综艺体、圆黑体，以及各类黑体、宋体、综艺体和圆黑体的变形体（见图 3-9）。不同的字体所适合的产品包装不尽相同。例如，黑体更加适合运用到具有现代感和兼具理性的产品类型中，并且更适合作为标题文字来使用。宋体是从书法楷体发展、演变而来的字体，更具有稳定和中庸的特点，同时更适合于阅读，给消费者带来

字体 字体 字体 字体
字体 字体 字体 字体

图 3-9　各类印刷字体

图 3-10　茶·点心食品包装中的印刷字体设计

轻松便捷的阅读体验，因而更适合运用到产品信息说明文字、产品使用方式说明文字等方面的设计中。当然，对于印刷体的使用和设计并不是一成不变的，设计师可在原有印刷字体的结构基础上进行再设计或重新设计，使产品包装的字体更加符合节约型包装的设计要求。

如图 3-10 所示，节约型包装中的印刷体设计，应尽量进行数量简化和占用更少的包装面积，以实现节约资源、减少油墨使用带来的环境污染等问题。

书法体同样可以运用到节约型包装设计当中。书法体作为中国传统文化的精粹，自东汉末期以来，逐渐由文字单一的信息传递功能转变为兼具信息传达与审美情趣并存的双重功能，并逐渐形成了各个类型和各个体例，不同类型的书法字体，其适用情景、范围和传达的视觉文化风格都是各异的。通常来说，书法体又分为简体和繁

体两大类，对于简体中文的使用地区而言，简体同时具有信息传达和图形装饰的作用，而繁体中文则主要起到图形装饰的作用，因此在节约型包装设计中应尽量减少不必要的繁体书法体的使用，避免其复杂结构在印刷时所产生的资源浪费。

传统的中文书法体，主要包括楷体、隶书、行书、草书、行楷、行草、金文、甲骨文、篆体等（见图 3-11）。不同的书法字体诞生在不同的历史时期，其用途也不尽相同。

楷体，是书法字体中形态最为规范，同时也是辨识度最高的字体，在某些表现传统风格的包装设计中，可将楷体用于代替宋体。

隶书，同样也是辨识度较高的书法字体之一，并且具有简约化、富有形式感、方块化和符号化的特点，能够起到一定的文化装饰作用和信息传达作用，但不易大段进行使用。

行书，顾名思义，其线条行云流水、动感鲜明，向来作为传统风格包装常用的装饰性字体。行书设计主要是针对笔画特点和空间的分割而进行，能够通过解构、打散等方式，将其设计得更具设计感，但因其装饰性较强而识别度和可阅读性较低，故多用在产品、企业标题或装饰图形的功用当中。

金文、甲骨文、篆体等字体，是汉字书法最初、最原始的呈现形态，更具象形意味，具有古朴自然的特点，可用于产品、企业的标题设计或装饰图形设计。

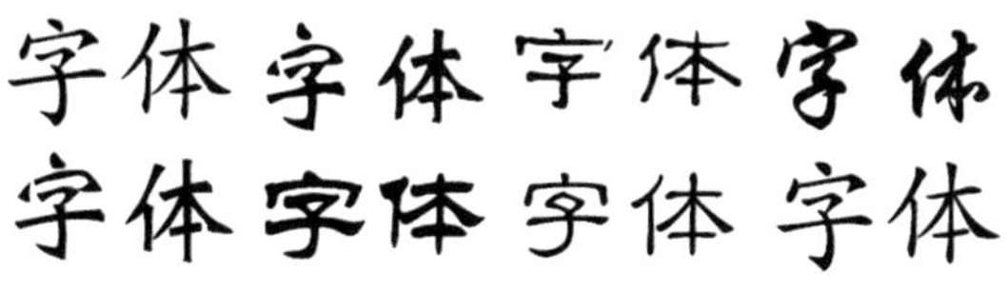

字体 字体 字体 字体
字体 字体 字体 字体

图 3-11　各类书法字体

图 3-12　林云笔坊包装设计中的书法字体运用

图 3-13　时尚中秋文化礼册包装设计中的装饰字体运用

如图 3-12 所示，对于节约型包装设计而言，书法体具有古朴自然的特征，在字体的风格上能够充分地符合节约型包装追求简约、自然、绿色的要求。同时，汉字书法体又同时具有信息传达和装饰的作用，因此能够在一定程度上减少装饰图形的使用，从而能够减少装饰图案印刷所造成的资源浪费和油墨使用造成的环境污染。

装饰体指那些具有不同装饰特点和形态变化的宋、黑体的变异字体，其变化设计形式主要包括外形变化、结构变化、笔顺变化等。在节约型包装中，适当地在产品标题设计、产品标志设计等方面使用装饰体，能够起到活跃整体包装视觉气氛以及吸引消费者购买的作用（见图 3-13）。

图 3-14 “知己知米”五常稻花香有机大米包装设计中的手写字体运用

需注意的是，在节约型包装设计中的装饰体应使用较小的包装面积，以免造成印刷资源和成本的浪费。

常常有人认为，印刷字体诞生后，手写字体便失去了其使用价值，其实并不然。手写字体虽然不够规范，不适用于包装的说明性文字，却具有趣味、质朴的视觉风格，能够为包装和产品带来更强的亲和力，因而非常适合应用在简约化设计基础上的节约型包装设计当中（见图 3-14）。

2. 拉丁文字体设计

在词语构成方面，拉丁文同中文有着截然不同的构词体系和方式。中文文字是通过不同的笔画构架进行组合、变化而形成的，词汇是通过不同的文字的组合而成的，因此，中文的构词方式经过双重的组合过程。而拉丁文的构词方式，主要是通过一定数量的字母进行重组而形成的，只经过了单程的组合过程，故导致中文的复杂程度远远大于拉丁文。因此在设计的过程中，对于拉丁文的设计更加自由。同时，拉丁文不同于整体偏方形的中文，其形态各异，并且简练规范，因此更具有图形感。

如图 3-15 所示，通常来讲，拉丁文字分为衬线体和非衬线体两种，衬线体字端有衬线和衬脚，对字的宽度和高度的比例进行设计，能够呈现出不同的风格和意向，较为具有代表性的衬线体文字包括老罗马体、现代罗马体，以及哥特体以及其变体等，其往往传达出较为正统、古典、高贵等氛围。在节约型包装设计中，应根据具体的产品风格要求少量、小面积使用衬线字体，以免造成油墨污染。非衬线字体无任何的修饰，给人带来简约、时尚、现代、环保、宁静、质朴的视觉体验，因而更多地被运用到节约型包装设计中（见图 3-16）。

3.1.4 节约型包装的文字设计原则

节约型包装的文字设计作为包装文字设计中的一个特殊的种类，只有在设计的过程中充分遵循其特殊的设计原则，才能够设计出合格、科学

衬线体：

ABCDEFGHIJKLMNOPGRSTUVWXYZ
abcdefghijklmnopqrstuvwxyz

非衬线体：

ABCDEFGHIJKLMNOPGRSTUVWXYZ
abcdefghijklmnopqrstuvwxyz

图 3-15　衬线体与非衬线体英文

的节约型包装设计产品。节约型包装的文字设计主要需要遵循三个设计原则：①字体设计的辨识性；②字体设计需要突出商品属性；③文字编排的合理化。

1. 字体设计的辨识性

首先，节约型包装的字体在进行设计时，要根据具体用途的不同，对其进行变形以及抽象化的设计处理，例如作为标识性和标题性质的文字即可以进行抽象化和变形程度较高的设计，而说明性文字，则需要尽量地限制其抽象化的程度。但是无论怎样对字体进行创造，都应注意其最重要的基础功能——字体的辨识性。变形程度较高的字体设计，具有十足的动感以及生命力，却往往需要一些变形度较小的说明性文字进行补充，这便会导致文字量，进而增加了印刷的成本和印刷油墨使用量。而节约型包装设计，需要在包装设计的各个环节和细节当中做到节约资源、能源以及保护生态环境不遭受破坏，因此在字体的设计过程中，需要尽可能地减少不必要的资源浪费和环境损失，故在进行字体设计时应保留字体的辨识性和可读性属性，无须再对补充性的文字和图形进行再设计。

当然，保留字体的可辨识度并不等同于完全不对包装字体进行设计。对于汉字而言，可以说，从古至今，无论寻常百姓，还是文人墨客，对于汉字结构的认知都是非同一般的，从规矩正统的楷体，如行云流水般的行书，到潇洒狂野的草书，再到古朴拙掬的篆书，无论怎样设计，汉字的基本结构都完整地被保留。因此在设计包装上的汉字时，保留汉字基本结构，在气韵的角度再创意，是较为节约、合理和科学的设计方式；而在基于英文的字体设计上，其变形设计则更加自由，但

图 3-16　节约型包装中的非衬线体英文运用

同时也应保留其基本的结构形式，避免字体辨识性的丧失。

2. 字体设计需要突出商品属性

如图 3-17 所示，节约型包装的字体设计还应从各个细节突出商品的属性，从被承装的产品本身出发，契合产品理念以及企业文化，从视觉的角度准确地定位和塑造产品形象、展现产品的品牌价值所在。节约型包装所承装的产品往往也都是以节约、绿色、环保、可持续、现代极简、古风淳朴为主题的产品，因此在其包装字体的设计中，也应在字体的风格、色彩运用和排版等方面，突出字体的节约属性，最大限度地减少包装文字的数量、减少油墨的使用面积、使用无油墨或环保的文字印刷工艺。在字体风格方面，从字体的线条轮廓、软硬程度等角度，采用简约、轻盈、质朴、健康的形象风格；在文字色彩的设计方面，尽量利用包装材料原色或单色，以减少彩色油墨造成的自然环境污染。同时，在包装文字的排版方面，要具有时尚、简约的视觉感受，避免过度的文字装饰化，节约型包装的文字排版设计要以文字的阅读属性为主，兼顾装饰性。

同时，节约型包装文字为突出商品的属性，亦应和包装外观设计中的其他元素结合进行设计，做到文字、图形图像、色彩、图文排版等元素的风格统一，以准确传达出产品的理念，进行产品的宣传和促销。

3. 文字编排的合理化

对文字的编排和设计，在很大程度上是为了使产品包装更加符合产品风格和视觉美观，但并不意味着设计师可以忽略文字编排的合理性。在包装设计中，文字需要根据不同的重要程度，区分主次级别（见图 3-18）。这一点在节约型包装

图 3-17　儿童有机豆类食品包装

图 3-18　文字视觉层级编排合理化的牛奶饮品包装设计

中尤为重要，因为节约型包装需要在外观设计上充分地减少资源消耗，这就意味着在避免了额外的装饰和说明图文后，消费者需要根据视觉上，例如，文字大小、字体、文字色彩等方面的主次区别，快速地获取产品信息，并产生购买产品的欲求。切莫在文字的排版设计中忽略设计心理学知识的应用，节约型包装的字体设计是一门综合的设计学科，需要包装设计师不断地结合各类学科知识进行全面而系统的设计。

3.1.5　节约型包装的文字编排设计

包装的文字编排设计不仅仅是对包装的美观和布局进行设计，更是对包装上信息的传递流程进行设计。从某种程度上而言，包装的信息传递流程是否顺畅，直接影响一款产品的销售量和在消费者心中的受欢迎程度。对于节约型包装设计而言，文字信息视觉层次的合理编排尤为重要，需要更加注重通过层次区分和视觉引导的方式，合理减少不必要的文字以及图形图像信息，以减轻印刷造成的资源浪费和环境污染。

1. 节约型包装的视觉流设计

人与人相识的过程是一个渐进、分层式的过程，从最初几秒的基于外貌神情的第一印象，到一个人的性格认知、做事效率认知等是层层递进的过程。同样，消费者对于产品包装的认知过程也是分层次进行的过程。首先，一个产品的包装是否能够在外观上快速地吸引消费者的注意，是包装设计成功的第一步，而文字的排版作为包装外观设计的一部分，在信息传达的层次的体现方面需要十分细致的设计，以便一步一步引导消费者的注意、认知与购买。

节约型包装较普通包装具有装饰内容较少、图形和文字内容简洁、造型和结构更加简约、色彩的使用较为单一的特点，因此在文字的排版设计方面，应在遵循格式塔理论的基础上，选取最佳的视觉区域，安排最佳的主题或广告文字，并通过巧妙的设计方法，将主体文字设计为能够快速捕捉消费者目光的主体物。同时，其他的文字

图3-19 包装设计中的视觉流设计

图3-20 与产品包装造型和结构相结合的酒杯包装字体设计

内容，例如企业名称、产品说明文字等，也应通过大小、字体、色彩深浅等方式进行重要级别的区分，引导消费者进行阅读（见图3-19）。节约型包装的视觉流应做到无浪费的效果，即所有经由过视觉流的元素均为有效视觉信息，尽量摒弃无意义的装饰性视觉元素。

2. 有效利用包装的造型和结构特色

节约型包装的文字信息往往为了节约的目的而被极简化，因此若要仅仅凭借文字本身的造型对包装起到装饰的作用是非常困难的。作为包装的一个种类，节约型包装同样需要具有促销产品，提升产品视觉冲击力、吸引力的功能，因此在进行文字的排版设计时，若能将文字的版式与包装的结构巧妙地结合起来，不失为一种十分可行的用于提升产品包装外观视觉美感的方式（见图3-20）。

首先，节约型包装的文字可与包装的造型和结构的整体走势和视觉韵律相结合，形成具有动感和生命力的形态特征。同时，文字的字体和排版的整体风格，也需要同产品和产品包装的整体造型和结构相符。以女性化妆品产品包装为例，低龄女性化妆品包装的结构往往较为俏皮可爱或轻盈简洁，因此在进行文字排版设计时，也往往采用了较为活泼和跳跃式、较为小清新的排版方式。而高龄女性化妆品包装的结构往往更趋向于沉稳、大气、曲线化的形态特征，因此在进行相应的文字排版时，就需要结合其造型和结构进行相应的设计，采用稳定、雅致的文字排版方式。

但需注意的是，虽然文字与造型和结构的结合性设计能够有效提升节约型包装设计的美观效果，但切忌因过度设计而影响包装文字信息的可识别性。

3. 通过节约型包装文字的排版设计提升信息传达的效率

节约型包装不仅应从资源消耗的角度考虑资源和能源节约，同时还需要从消费者使用产品包装的角度进行设计，节约消费者的购买和使用时间，这便需要通过优化文字编排的方式，提升文字信息传达的效率。

第一，如图3-21所示，提升文字信息传达

图 3-21 节约型铅笔包装设计

的效率可以通过简化文字内容和增加文字信息层级之间的明确性的方式而实现。设计师应提前替消费者进行文字信息的筛选，而不是将复杂的信息处理留给消费者，无意义地耗费消费者的时间和精力。同时，文字的编排应做到清晰、易读、意义明确、言简意赅、易于记忆。

第二，通过某些文字信息和排版样式，唤起消费者的共鸣和潜意识反应，也是一种有效提升信息传达效率的方法。

4. 节约型包装文字信息的连带关系设计

通常而言，一个生产企业所推出和销售的商品往往都具有共同或相似的品牌名称、标志、文字信息符号等，这些文字信息虽不能够占据包装外观的最重要位置，却可以为产品包装加深消费者的印象而服务，为用户进行系列产品的购买带来可能。有效地利用文字信息的连带关系，能够节约新产品大段的文字信息编排，节省设计师、营销人员消耗的设计时间以及设计成本，同时避免大段文字的印刷造成的油墨污染，使消费者根据使用惯性，即刻信赖、购买和学习使用新产品。因此在节约型包装的文字编排设计时，有意识地设计一些具有关联性、系列性、相似性的文字标识以及品牌、产品说明文字，设计符合消费者认知心理习惯的产品信息说明性文字，节约消费者认识新产品的时间，减少过多的文字印刷带来的环境污染。

3.1.6 节约型包装文字设计案例赏析

1. jojo 线绳包装设计

如图 3-22 所示，是由捷克设计师露西·霍拉珂娃（Lucie Horáková）设计的一款线绳的包装，该包装巧妙地将包装与线绳相结合，赋予了产品

图 3-22 jojo 线绳包装设计

和包装双重功能，即除了作为测量和扎捆功能外，还具有娱乐的功能，消费者在购买之后，可将线绳和包装作为悠悠球来把玩。除了线绳包装的多功能设计外，该包装的文字设计同样十分简洁，只保留了线绳包装的产品名称“jojo”和线绳的长度说明文字。充分地减少了文字的印刷面积，节约了印刷过程中浪费的资源，减少了油墨的使用对于生态环境的损害。同时，产品名称“jojo”的设计独具一格，采用了手写体的字体设计方式，并在末尾“o”字母的末端进行了类似“线绳”的设计，打破了字母文字的对称性，使整个产品名称文字具有动感、创意和趣味之感，同时品名文字又同背景的线绳图案相呼应，通过粗细和色彩明度的不同，营造出空间感和层次感。

2. Vitra 家具产品包装设计

图 3-23 所示的是由 BVD 设计公司为 Vitra 家具设计公司设计的全新家具包装。Vitra 公司是一家致力于不断提升消费者家庭、办公和公共空间环境品质的瑞士家具设计公司，其产品和企业理念即是传达现代、简约、健康、舒适的概念，因此其包装设计也同样采用了节约型包装设计的概念。为配合家具产品自身的风格，产品包装采用了极简的设计风格，整体呈立方体的形态，并以少量文字和简单的图形为主。在文字设计方面，在包装的不同立方体块面印有不同的文字，产品的品牌名称独立印于包装的正前方或正上方两个最为重要的位置，也是最容易、直观的被消费者注意到的位置，其采用了简约的纯文字方式，无任何图形装饰物，不仅能够突出产品的品牌，还节约了印刷装饰图形所耗费的资源，也减小了印刷造成的油墨污染。在产品包装的右侧，是包装内产品的名称、简介、承装的产品照片，或初次设计时间，以极简的方式将产品信息快速的传达给消费者。而在产品包装打开之后，在包装的内侧还印有 Vitra 家具企业的简介，使消费者能够在对重要信息读取后，还能够保留一定的品牌印象，便于再次进行产品的购买。此产品包装整体大气简约，文字信息层级分明，消费者会随着产品的观赏、关注、购买和使用，依次注意到产品的品牌名称、产品名称、产品信息、企业介绍等。同时，此包装采用了可降解的纸板作为包装材料，不会对自然环境造成负担，是一项十分节约和环保的包装设计。

图 3-23 Vitra 家具产品包装设计

3. Harmonian 食品包装设计

图 3-24、图 3-35 和图 3-26 所示的是由 Mousegraphics 设计公司与创意总监格雷戈·塔克纳基斯（Greg Tsaknakis）和艺术总监约书亚·奥尔斯通（Joshua Olsthoorn）为 Harmonian 食品公司共同设计完成的一款巧妙而富有创意的可计量食品包装。该企业的食品旨在向消费者传达朴实、健康、乐观、环保的生活理念，其产品主要包括橄榄油、面粉、意大利面、海盐、草药香料等。

图 3-24　Harmonian 食品包装设计 1

图 3-25　Harmonian 食品包装设计 2

此包装整体设计以少量文字的排版为主，配合极少量的图形符号进行信息表现。在文字的大小方面本包装采用了较小的字号，在字体的使用方面采用了无衬线字体，这样不仅能够传达出简约现代的风格，更能减少印刷面积，减少油墨的使用造成的环境污染和资源浪费。同时，在文字的排版方式上采用了左对齐的方式，当包装立起来时，文字的走势与形式感与包装整体视觉符号——“一粒种子”的抽象形态形成呼应，从而形成优美的文字韵律，消费者只需将产品包装横向观看，即可方便地阅读文字信息。此包装还巧妙地将一部分包装结合包装整体视觉符号，进行了半镂空设计，使消费者可以通过镂空部分了解产品的使用量，可谓是一举多得。同时，此包装同样是以可降解的环保纸板作为包装材料，是节约型设计的典范之作。

4. SIMON&ME 香薰蜡烛包装设计

图 3-27、图 3-28 所示的是由德国设计师西蒙·弗罗因德（Simon Freund）设计的一款香薰蜡烛产品包装。此产品旨在为消费者提供宁静、舒适、健康的香薰环境，能够持续燃烧长达 40 个小时。此香薰蜡烛简约的包装风格充分契合了产品理念，管身以纯白色为主，并配合简介的文字作为包装元素，为消费者传达出时尚、雅致之感。在文字设计的字号和数量方面，此包装采用了较小的文字字号，尽量简化了文字的数量，不仅为包装营造出简约、时尚的风格，还从资源节约的角度做出了努力，减少了油墨的使用，且使用单色环保油墨。在文字的字体设计方面，此香薰蜡烛包装采用了无衬线字体，极富时代感。同时，此包装在文字的排版方面采用了呼应罐装包装的圆形排版方式，打破了包装本身仅由文字元素组成而造成的视觉枯燥感，为包装带来了一丝活泼、幸福的气氛。极富美感的香薰蜡烛包装在

图 3-26　Harmonian 食品包装设计 3

图 3-27 SIMON&ME 香薰蜡烛包装设计 1

图 3-28 SIMON&ME 香薰蜡烛包装设计 2

蜡烛燃尽后依然可被消费者当作笔筒、烟灰缸等日用品，起到节约资源、资源再循环利用的作用。

5. 杂粮包装设计

图 3-29、图 3-30 所示为 L&C Design 设计公司与创意总监正之（Masayuki）和设计师夏木原（Natsuki Hara）为 Kokubu Group Corp. 公司共同设计完成的一款杂粮包装。这款产品包装的创意源自日本传统文化中六边形结构象征着富贵吉祥的寓意。包装外观由文字与日式风格的图像所组成，并以传统的折纸包装工艺作为包装方式，在一定程度上节省了黏合剂的使用，能够减少其造成的环境污染。在文字设计方面，此包装的标志设计采用了古朴的字体造型方式，并结合图形——一个抽象的谷粒造型，使整体外观更富趣味，同时产品名称和产品说明文字的设计同样采用了较为古拙圆润的字体造型，其排版亦使用传统的竖排版形式，展现出复古、自然、环保的产品理念。

图 3-29 杂粮包装设计 1

图 3-30 杂粮包装设计 2

3.2 节约型包装的图形、图像设计

如图 3-31 所示，图形、图像和插画是包装设计当中不可或缺的一部分，在包装设计中主要起到传达产品和企业理念、美化包装外观、衬托包装造型和结构、介绍产品或包装使用方法等的作用。图形主要指产品包装中可以用轮廓划分出若干空间形状。例如，我们常见的简单几何图形、简单的图形符号，以及计算机辅助设计软件制作的矢量图形和图表等。图像指包装外观上以摄影为视觉信息获取方式的图片，其细腻、逼真的视觉效果能够充分地烘托产品形象，起到吸引消费者注意、促销产品的作用。插画，即插画师针对包装中承装的产品内容，绘制的符合产品销售理念的插图，通过或具象或抽象的方式，以极具视觉吸引力的方式，营造出梦幻的包装视觉效果。

节约型包装中的图形、图像和插画设计，需要从节约、环保为出发点进行设计，与造型、结构、外观文字、色彩、材料使用与设计和使用与回收方法相结合，这便要求节约型包装设计具有新的特点和设计方法，需要遵循其独有的设计原则。

3.2.1 节约型包装中的图形设计

节约型包装的图形设计主要包括几何图形设计和图形符号设计。图形设计对于节约型包装设计而言，其重要性仅次于文字设计。图形作为包装整体的装饰元素与文字的辅助元素，对于产品和企业理念传达、产品的促销、消费者印象留存起着至关重要的作用，一个好的图形设计，不仅是美观的，还应是简洁并具有多重供用的，并且能够起到文字所不具有的装饰与信息传达的双重作用，从而有效精简文字和图形图像信息量，减少包装印刷面积，节约油墨。

图 3-31 节约型鸡蛋包装设计

1. 几何图形的设计

几何图形是最为简单的图形形式，例如，点、线、圆形、椭圆、扇形、各类多边形，以及各类多面体等简单图形。如图 3-32 所示，因其具有简单、直接、较强心理暗示性、较强印象留存性的特点，故更加符合节约型包装设计的设计要求和目的，因而更多地被运用于节约型包装设计当中。

生活中，处处可以见到几何图形。可以说，几何图形不仅仅是一种视觉表现形式，而是自人类诞生以来，便作为人类生活中各个元素的高度抽象化符号和缩影而存在着的一种重要的视觉元素，随着人类文明的发展，几何图形亦逐渐和人类文化紧紧相连，并因其形态的特征对于人类心理的影响，具有了不同的心理暗示作用。例如，圆形具有圆满、团圆、亲和、儿童、女性、安全等意向。正方形具有正统、规范、保守、严肃、成熟等意向。三角形具有危险、个性等意向。当然，几何图形虽然在文化的代表性上总体趋于一致，但在不同的文化当中，其意义也不尽相同，这便需要包装设计师在进行设计之前进行广泛的调查和研究，了解潜在消费者的文化与心理构成，综合文化人类学、设计心理学等理论进行节约型包装设计。几何图形是高度抽象化的视觉元素形式，从节约的角度来讲，其之于包装外观，能够起到简化图形的作用，减少油墨使用量。同时，还能够有效地缩短消费者认知和识别的过程，从而节省消费者的购买和使用时间。

在进行节约型包装中的几何图形设计时，应注意以下三条设计要点：

首先，应遵循减量化设计与信息承载并存的原则。

如图 3-33 所示，节约型包装外观的几何图形设计首先要尽可能地减少图形元素所占用的印刷面积，避免过度修饰性设计，采取扁平、简约的设计方式；在色彩的选用上，使用单色或少色

图 3-32　节约型热巧克力粉包装设计

图 3-33　节约型产品包装设计

设计，或采用其他环节约工艺，减少油墨的使用。在对几何图形元素进行减量化的同时，也要充分保留其传达信息的显性以及隐性功能，显性功能是指作为产品形态展示的一部分所进行的装饰性设计，隐性功能是指对消费者的心理暗示功能。因此，包装设计师在进行几何图形的设计时要把握好几何图形减量化和抽象化与其所传达的信息之间的关系，过度减量化和抽象化会造成产品包装整体信息无法快速和准确地传达，而过度的信息承载量又会造成消费者在获取信息时无法分清信息的主次，造成信息接收混乱。

第二，应遵循装饰效果设计与节约理念并存的原则。

几何图形的使用和设计是十分符合节约型包装设计的理念的，其简约、抽象、时尚的视觉形态备受节约型包装设计师的青睐。相比文字元素，几何图形具有更强的装饰性，而与其他图形元素相比，几何图形元素的装饰性较弱，但并不可通过几何图形元素的过分堆砌而盲目增加视觉层次的丰富性，这便失去了简化和抽象化视觉元素的意义，背离了节约型包装的设计理念。因此，在进行几何图形的设计时，应将节约型包装理念放在首要位置，并使几何图形充分发挥其装饰、指代、暗示、简化的优势，切忌进行过度的装饰设计与元素堆砌。

第三，在进行节约型包装中的几何图形设计时，应遵循统一化设计与个性展示并存的原则。

在节约型包装中进行几何图形的设计，需要针对产品本身，进行视觉元素的抽象化归纳，并将最终归纳完成的几何图形进行再设计，可以是几何图形元素的循环运用，也可以是在元素特点统一的基础上进行略微的变形设计，进而对包装的外观进行丰富化的设计，使包装整体更具个性和创意。但需注意的是，在对几何图形设计的过程中不可一味地注重装饰性和创意性而忽略产品自身的理念和节约型包装设计理念的传达，因此要在统一化设计的基础上进行个性化的设计，以免造成不必要的印刷成本浪费和视觉信息浪费。

2. 图形符号的设计

如图 3-34 所示，图形符号相比几何图形，是较为复杂并具同时有明确指代意义和装饰性的图形视觉元素，在节约型包装设计当中，图形符号的设计和使用能够有效地对视觉内容进行归纳和抽象化，具有直观、简明、易懂、易记的特点，在包装中使用图形符号能够有效节约印刷所耗费的资源和消费者获取信息的时间。同时，也能够在视觉美观的角度使包装的外观更简约和具有现代气息，从视觉的角度符合节约型包装设计的理念。对于图形符号的设计而言，形式和内容的统一是重中之重。只有达到形式和内容的高度统一，才能够创造出经典的包装形象，得到消费者的广泛认可和使消费者经久不忘，并且能够不断地在其基础上进行更新和迭代设计，真正实现设计资源的节约和产品包装生产和设计效率的提升。

通常而言，图形符号主要包括已有的约定俗成或规定形式的图形符号以及通过设计师对产品的归纳和理解所新创造的图形符号。在节约型包装中，图形符号主要用于表现产品的标志、产品包装的视觉装饰，以及使用和回收方式等。根据心理学原理，人类的潜意识会快速地识别某些生活中熟悉的视觉元素，并在短时间内理解和解读，这便是图形符号的优势。因此包装设计师可利用此优势，对潜在消费者的生活环境、工作历经、教育程度、社会地位等进行研究和调查，设计出能够和潜在消费者潜意识产生共鸣的图形元素，加快消费者对于产品的接受、喜爱和购买速度。

图 3-34　节约型包装设计

在进行基于节约型包装外观的图形符号设计时，需要遵循以下 5 点设计原则。

首先，在进行基于节约型包装外观的图形符号设计时，需要遵循符合产品内容、切忌过度装饰的原则。

节约型包装外观的图形符号设计需要从所承装的产品出发，以产品自身的销售理念以及产品内容为设计核心，从点、线、面各个视觉角度进行设计，切忌为了包装的美观和视觉效果盲目地追求装饰的复杂性，而破坏产品包装外观的视觉信息层级，干扰消费者对于产品的理解。同时，图形符号的设计还应以节约的理念为前提，将产品包装的视觉元素进行最大限度地归纳和提炼。这样不仅能够使产品包装更具简约和现代气息，并节约印刷造成的原材料浪费，还能够使消费者更快、更清晰地了解产品信息以及产品使用方法。

节约型包装外观的图形符号需要从设计的角度减少印刷成本，如图 3-35 所示，在普通包装中需要以“面”的形式展现的图形符号，在节约型包装中通过“线”的形式呈现。又如，在普通包装中以“立体”或“写实”效果展现的图形符号，在节约型包装中以“扁平化”“矢量化”的形式进行呈现，都是减少印刷成本、节约资源和减少油墨污染的有效手段。

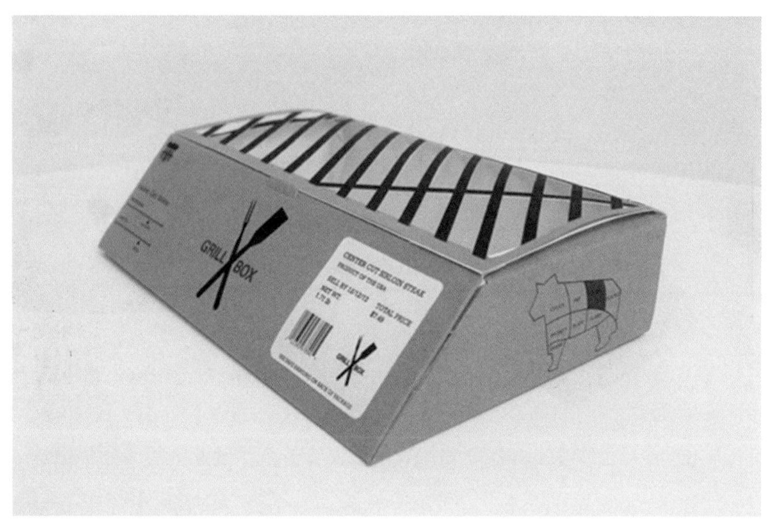

图 3-35　节约型牛肉烧烤盒包装设计

第二，在进行基于节约型包装外观的图形符号设计时，需要遵循传达节约、环保的消费理念的原则。

基于节约理念的产品包装的图形符号设计还应从图形内容和表现形式的双重角度进行节约、环保消费理念的传达。节约型包装所承载的产品往往也是具有节约、节能、环保理念的产品，那么为实现包装形式与产品内容的高度统一，包装的设计也应传达相应的设计思想。如图3-36所示，在图形的内容方面，以简洁、清新、自然、健康、有机等具有亲和力的图形元素为主，结合人类潜意识当中那些具有节约、环保意义的视觉形象，进行高度的归纳性设计，同时保留造型本身的特点，形成简约基础上的图意明确化设计。在表现形式方面，以精致代替烦琐、以面代体、以线代面，以简约的形式为主，同时保留产品包装的美观特性（见图3-37）。

应该注意的是，节约型包装外观的图形符号设计可巧妙地与文字信息相结合设计（见图3-38），与文字信息进行相互补充，更深入地传达节约和环保的消费理念。

第三，在进行基于节约型包装外观的图形符号设计时，需要遵循具有民族文化特色的原则。

为更好地进行产品的宣传和促销，节约型包装外观的图形符号设计应以具有民族文化特色为优。正如在古代，不同的民族和部落具有不同图腾一样，不同的文化具有不同的民族视觉符号和审美标准，节约型包装的减量化设计原则很容易导致产品包装的单一化、缺乏视觉冲击力和文化

图 3-36　节约型手表包装设计

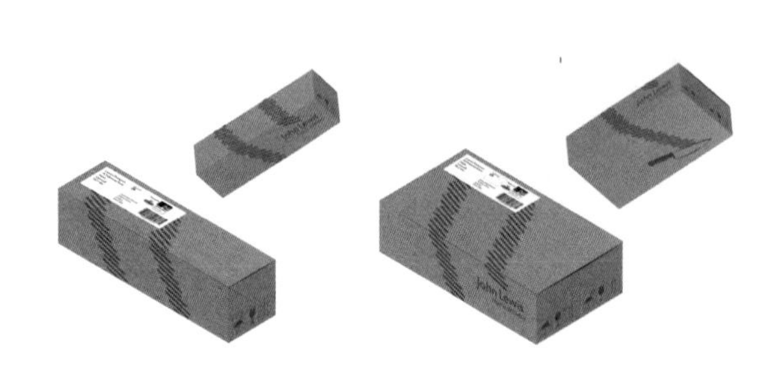

图 3-37　节约型产品包装设计

图 3-38　节约型节能灯泡包装设计

特性。那么在节约型包装设计的过程中融入不同民族、国家、文化的特色性视觉符号，不失为一种丰富包装外观效果、增强视觉冲击力和文化竞争力的有效手段（见图 3-39）。

同时，除不同的民族视觉元素外，各个国家和民族的传统和古典视觉元素亦可运用在节约型包外观的图形符号元素的设计当中，选择那些古朴、简约的视觉元素不仅能契合节约型包装的设计理念，还能强化包装外观的吸引力，促使消费者对产品进行关注和购买（见图 3-40）。

第四，在进行基于节约型包装外观的图形符号设计时，需要遵循具备鲜明、直观的视觉效果的原则。

图形符号元素的设计要具备鲜明和直观的视觉效果，做到简约而富有创意和韵律美却不烦琐，这便需要包装设计师具备扎实的图形归纳和创意

图 3-39　节约型食品促销包装设计

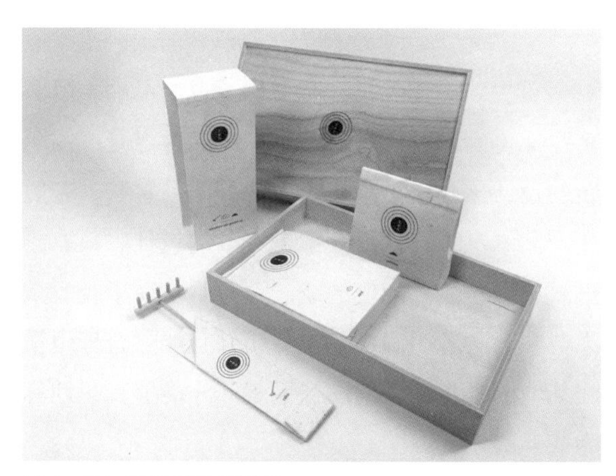

图 3-40　节约型包装设计

图 3-41　绿色灯泡包装设计

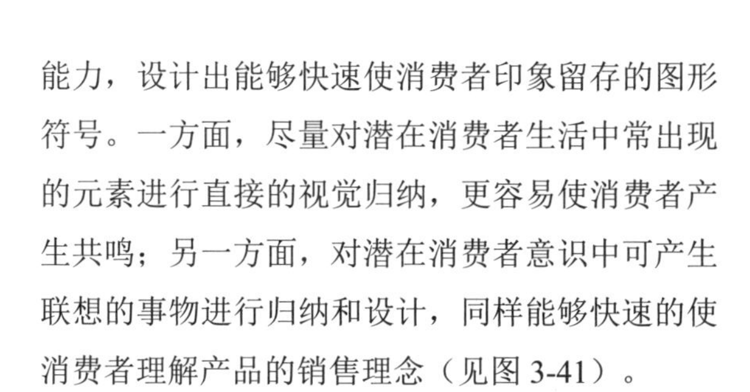

能力，设计出能够快速使消费者印象留存的图形符号。一方面，尽量对潜在消费者生活中常出现的元素进行直接的视觉归纳，更容易使消费者产生共鸣；另一方面，对潜在消费者意识中可产生联想的事物进行归纳和设计，同样能够快速的使消费者理解产品的销售理念（见图 3-41）。

第五，在进行基于节约型包装外观的图形符号设计时，需要遵循符合图形符号设计规范以及行业标准的原则。

基于节约型包装的某些特殊图形符号，例如标准的绿色环保标志、可循环标志、可回收标志等，又如所有包装通用的防水、防潮、防震动、防倒置、条形码、二维码等图形符号的设计，还必须注意在设计的过程中要遵循国家和行业内规定的印刷尺寸，颜色的使用同样要符合国家和行业内的使用标准，尤其是节约型包装，其图形符号的色彩应尽量使用单色设计或少色设计的方式。同时，基于不同的产品包装，其图形符号所占用的位置也是不尽相同的，需要查阅相关的资料，进行合理化、标准化的设计。

3.2.2　节约型包装中的图像设计

包装外观中的图像有广义也有狭义的指代，广义的是指包装外观中图形和影像的总称；而狭义的仅指影像的部分。在本书中，仅使用图像的狭义指代，即介绍节约型包装外观的影像的设计和使用。我们常常可以注意到一些产品的包装外观印有丰富而又极具视觉吸引力的影像，这些产品的包装往往能够快速地吸引消费者的眼球，并诱导消费者的购买欲望（见图 3-42）。

图 3-42　节约型包装设计

较图形和绘画插图而言，图像具有真实性强、更具说服力和直观、易懂的特征。因此常常被运用在包装设计当中。在运用节约型包装设计理念时，需要产品的外观尽量的简约，以减少印刷造成的资源浪费和油墨污染。同时，简化视觉信息层级，以缩短消费者获取产品信息的时间，达到更好的销售效果。而某些包装产品为了增强其视觉冲击力，过度的追求图像元素的复杂性和装饰性，而忽略了产品内容本身，使消费者很难快速地抓住产品信息重点。同时，复杂的图像构成和色彩，会造成大量的资源浪费和严重的环境污染，虽然耗费了大量的资源、能源和设计成本，却影响到产品的售价和销量，以及其社会价值和人文关怀价值，很难起到预想中的效果。因此，对于节约型包装的外观设计而言，图像元素的设计具有较高的难度。需要通过对图像元素进行进一步的设计和处理，才能够做到真正的节约，这便要求设计师具有较强的信息归纳和把控能力，同时还需遵循节约型包装中的图像设计原则。在设计的过程中，对于节约型包装中的图像设计通常需要注意以下几点设计原则。

1. 符合产品主题，简化图像内容

首先，图像的设计和使用要以产品的主题和企业文化为出发点进行设计，产品内容是产品包装的设计核心，再精彩、美观的产品包装，若脱离产品本身进行设计，都是失败的设计。只有当形式和内容达到高度的统一，并且实现了视觉效果美观、主题明确、主次分明并且能够合理地搭配其他的视觉元素的图像元素，才能够真正地称为成功的设计。

同时，图像元素的设计还应做到充分的简约化。从资源节约和环境保护的角度来说，图像元素的简化能在够清晰表达产品信息、宣传产品主题的基础上减少印刷面积，减轻油墨的使用造成的环境污染。从视觉效果的角度来说，图像元素的简化能够增加产品和产品包装的现代气息和时尚气息，同时较几何图形和图形符号元素更加栩栩如生、更具真实感，因此对消费者来说更具吸引力（见图 3-43）。从信息传达效率的角度来说，图像元素的简化设计能够使包装信息层次更加分明，提高消费者的信息获取效率。

图 3-43　节约型厨具包装设计

图 3-44　节约型唇膏包装设计

2. 突出主体视觉形象，合理规划次要信息

对于图像元素的设计还应做到对于主体视觉形象的突出和合理的规划次要的视觉信息。图像元素相比图形元素更容易形成复杂的视觉层次，具有写实的艺术和信息传达效果，但同时也更容易造成视觉信息的混乱，使消费者难以分清主次。因此在进行设计时，应根据产品内容对于图像元素进行主观的设计和改造，而不是直接使用收集或制作的原始素材（见图 3-44），在产品包装中突出产品的主体、主题形象。而在进行突出主体图像视觉元素的同时，次要内容同样需要进行细致的设计。包装外观的设计就如同其他门类的艺术创作一样，需要做到有主有次，层次分明，其核心、实质和最终目的都是信息的有效传达。因此，在对其进行设计时，要有意识地将无意义的、容易造成消费者理解障碍的视觉内容进行删减，将重要的、能够使消费者产生有效联想的内容进行保留和优化设计，使图像元素更具吸引力。而优化后的图像元素更加简约，亦能够减少印刷面积和油墨的使用量。

3. 采用单色、去色或少色的图像设计方法

原始的图像素材往往具有丰富和写实的色彩效果，对于消费者而言具有更强的情景代入感和说服力。但对于节约型包装而言，过多的色彩会增加油墨的使用量，造成资源的浪费。而某些彩色油墨中含有一定的毒性，因此当使用了多色图像印刷的产品包装被废弃时，若处理不当，便很容易造成环境的污染和破坏，对其进行回收处理，也会浪费大量的资源、能源和人力。因此，在进行节约型包装外观的图像元素设计时，应尽量采用单色、去色和少色的设计方式。单色设计（见图 3-45），即将图像元素简化为一种颜色，这样不仅能节约资源、保留图像内容的丰富性，还能使图像具有类似绘画的视觉效果。去色设计（见图 3-46），是指将原本饱和度较高的图像元素，调整为饱和度较低的色彩效果，这样能在包装印刷时降低油墨使用的浓度，减少油墨的使用量。少色设计（见图 3-47），即在呈现图像元素时仅仅使用一种到三种色彩，减少油墨的使用造成的环境污染。

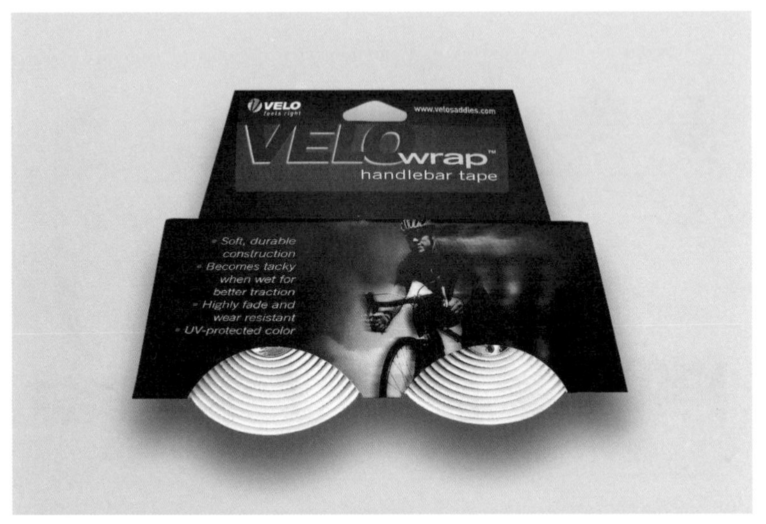

图 3-45　节约型包装设计

图 3-46　节约型蜡烛包装设计

图 3-47　节约型包装设计

4. 构图设计应符合视觉流，与文字元素设计相得益彰

如图 3-48 所示，节约型包装设计理念是以节约、高效为目的的包装设计理念，包装的高效往往需要通过视觉流的清晰化设计来实现，而视觉流在包装图像元素中主要表现在其构图方面。合理的构图方式能够有效地引导消费者的信息获取流程，通过设计的方式，将最重要的视觉元素进行强化表现，使其在第一时间吸引消费者的目光。同时，各次要信息也需要通过构图的形式引导消费者进行逐层关注，这样能够优化消费者的关注时间的资源配置，使消费者将更多的时间和精力投入关注产品主要信息中，而那些次要信息，则可根据具体的时间和条件进行选择性获取，这样能够有效节约消费者的时间，为消费者提供更加优质的产品服务。

同时，图像元素的构图还应与文字元素相互呼应和补充，在视觉流设计的角度进行结合设计，切忌将图像和文字设计割裂开来进行设计。

5. 图像的设计需与包装造型和结构相结合

同其他节约型包装外观的视觉元素相同，图像元素的内容、色彩使用，以及构图的设计，都需要同包装的整体造型和结构相结合，不能单独进行设计。对造型和结构的利用，能使图像元素的视觉效果更具生命力、动感和韵律感。

3.2.3 节约型包装中的绘画插图设计

除几何图形、图形符号、摄影图像外，绘画插图也是一类较常运用在包装设计中的信息传达与装饰元素之一，是指通过各种颜料和绘画手法绘制的插图，以及通过计算机辅助设计软件进行绘制的数字绘画插图等。如图 3-49 所示，与其他包装外观视觉元素相比，绘画插图更加具有装饰性和视觉冲击力，能够带给消费者无限的遐想、为消费者创造梦幻的氛围。同时，绘画插图还具有其他视觉元素所不具有的可发挥和设计潜力，针对不同的产品主题，设计师可最大限度地对视觉形象进行夸张和变化，无限地挑战包装外观的视觉冲击力和吸引力。

如图 3-50 所示，在节约型包装外观设计当中，合理地利用和设计绘画插图，能够有效地弥补文字信息简化造成的视觉吸引力不够的问题。但在使用和设计绘画插图的同时，要注意其使用的程度不易过度，导致过度的装饰和油墨的浪费及污染。从某种程度上来说，绘画插图朴实、活泼，以及浑然天成的视觉元素形式，与节约型包装设计的简朴、自然、清新的理念刚好相符，根据不同的视觉表现方式，能够运用在不同的节约

图 3-48　集约型包装设计

图 3-49　节约型铅笔包装设计

型包装当中。例如，写实风格的绘画插图，包含更多的设计细节，具有更强的说服力，更能够吸引对细节和安全性要求较高的女性以及老年消费者。因此，运用在食品、酒水、日化等对安全性要求较强的包装外观中，更能够吸引消费者的关注。又如，归纳和简化程度较高的绘画插图，具有简约和视觉层次清晰的特征，更能吸引年轻消费者的关注，因此作为具有时尚销售理念的商品包装外观视觉元素更为恰当。当然，在具体的设计过程中，还需综合考虑多方面因素和潜在消费者的多方面特点进行设计。同时，不同文化特色背景下的插图设计也具有不同的展示效果，中西、古今的不同美学元素，都能为绘画插图的设计带来灵感，巧妙地利用不同的文化元素和传统绘画风格表现手法，能为包装带来与众不同的视觉效果。

节约型包装中的绘画插图设计须从设计的各个角度符合节约的设计理念，并且能有效地保留绘画插图自身的信息传达优势，那么就需要设计师在进行设计时在以下 5 方面进行思考和关注。

1. 采用减量化或抽象化设计

通常来说，绘画插图在人们印象中具有视觉效果绚丽、丰富的特点，在节约型包装设计中，绘画插图的设计需要在有效保留其视觉感染力的基础上尽量将绘画插图元素进行减量化设计，保留重要的视觉元素，省略或减少次要的视觉元素，同时以“线”的表现形式代替“面”的表现形式（见图 3-51），采用简洁、雅致的表现方式，从而有效地减少印刷面积过大造成的印刷成本和设计成本的浪费以及油墨的过度使用造成的环境污染。

图 3-50　茶笑怡冰晶冷茶包装设计

图 3-51　DIVINITEA 茶品包装设计

同时，对插图绘画元素的抽象化设计也是一种有效地将其简约化的设计方式（见图 3-52），将与产品相关的视觉元素，经过研究、理解、提炼，以及加工，最终形成具有较强信息传达功能、装饰功能，兼具时尚感、时代感、设计感与节约理念于一身的抽象化绘画插图，无论适用于哪一类节约型产品包装，都能够为其带来与众不同的产品宣传效果。

图 3-52　节约型吉他配件包装设计

2. 巧妙运用有机视觉元素

有机型态的视觉元素是指那些在自然界中不断生长，带给人活泼、舒畅、和谐、自然、古朴、宁静、健康之感的视觉形象。例如，人们在大自然中经常见到的植物、动物形象等。而这些形态以绘画插图的形式进行表现，能够更具魅力和亲和力，从而吸引消费者的关注。节约型包装所承装的产品往往同样都是具有健康、绿色、环保、可持续等销售理念的产品，因此巧妙地将与产品相关或能够使消费者产生联想的有机视觉元素形象运用在节约型包装设计当中，不失为一种可直接或间接传达节约和环保理念的视觉表现方式（见图 3-53）。

在我们的生活中，存在着多种多样的有机形态，皆以或浪漫，或朴实，或生动的方式存在于人们的观念当中。不同的形态传可传达给消费者不同的信息。例如，各个种类的花包含着不同的花语寓意，将恰当种类的花的形态进行进一步的设计和绘制，以绘画插图的形式来展现，不仅能够传达不同的寓意和信息，还具有极强的装饰意味。

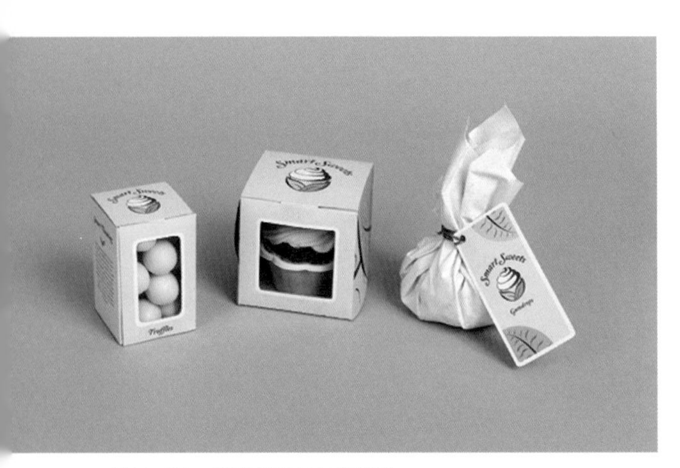

图 3-53　节约型食品包装设计

3. 夸张变化与创意设计

如图 3-54 所示，绘画插图设计与发挥的高度自由化决定了其可以被更大程度地进行夸张和创意设计，在对视觉元素进行概括和归纳的基础上，进行变形和创造性设计。那些经过夸张和创意化处理的插图绘画元素，往往能够带给消费者意想不到的惊喜，从而弥补节约型包装视觉冲击力较弱的问题。同时，还能够在人文关怀的角度为消费者带来生活的乐趣与灵感。有趣而富有创意的包装不仅能够有效提升使用者的幸福感，还能够吸引不同年龄段的消费者购买产品。同时，富有创意的绘画插图如若能够配合具有循环价值或多功能的造型和结构设计，能够吸引消费者对产品包装进行再利用和改造，从而有效地减少对资源的浪费，实现产品包装的循环和再利用（见图 3-55）。

4. 利用肌理渲染气氛

绘画插图可营造丰富各异的肌理效果，这便是绘画插图所具有的又一优点。独具特色的笔触效果和绘画颜料、纸张肌理效果能够营造不同的气氛，结合不同的色彩，可制造例如精巧、手工艺、拼贴等不同的艺术风格。随着现代生活节奏的日益加快，消费者越来越需要充满创意、童趣和情怀的产品包装。因此，在印刷面积尽量减少的基础上，为绘画插图元素增加一定的肌理，能够丰富画面内容、增加视觉层次、深化产品主题，同时为消费者留下深刻的印象，从而充分的发挥绘画插图的视觉表现优势。

同时，平面维度下的绘画插图肌理设计还可充分的与包装的材料肌理相结合，创造出立体并兼具独特触感的包装效果（见图 3-56），从多角度提升产品的促销效果。

图 3-54 FINICKY 狗粮包装设计

图 3-55 节约型饮料包装设计

5. 统一基础上的节奏与韵律表现

绘画插图富有创造力和想象力的特性，因而往往具有较多的内容元素。设计时，需要注意实现各个元素之间的统一，以合理的逻辑顺序，明确画面层次，突出信息和视觉重点。

同时，绘画插图的设计还需注意在统一的基础上营造视觉层面的节奏与韵律（见图 3-57），可以通过纯视觉的方式表现，也可以通过与包装造型、结构以及文字等元素进行结合设计，充分发挥绘画插图的表现优势，为消费带来与众不同的使用感受。

3.2.4 节约型包装图形、图像设计案例赏析

1. Seed for Home 家庭蔬菜种子产品包装

图 3-58 所示的是由设计师阿德拉 • 若巴洛娃（Adéla Roubalová）设计的一款用于家庭蔬菜种植的种子包装。此包装整体具有节约、环保和可降解的节约型包装特性。在外观设计方面，此包装采用了以极简的产品名称文字配合几何图形、绘画插图的视觉表现形式。以局部的椭圆形

图 3-56 带有插画肌理效果的包装设计

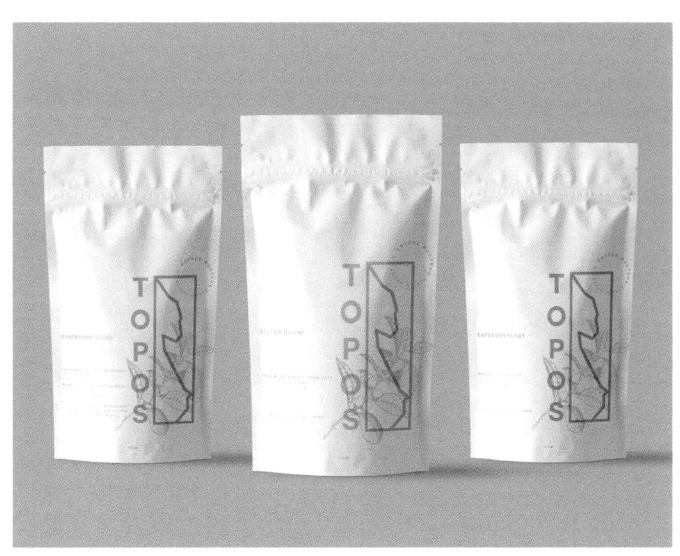

图 3-57 TOPOS 咖啡包装设计

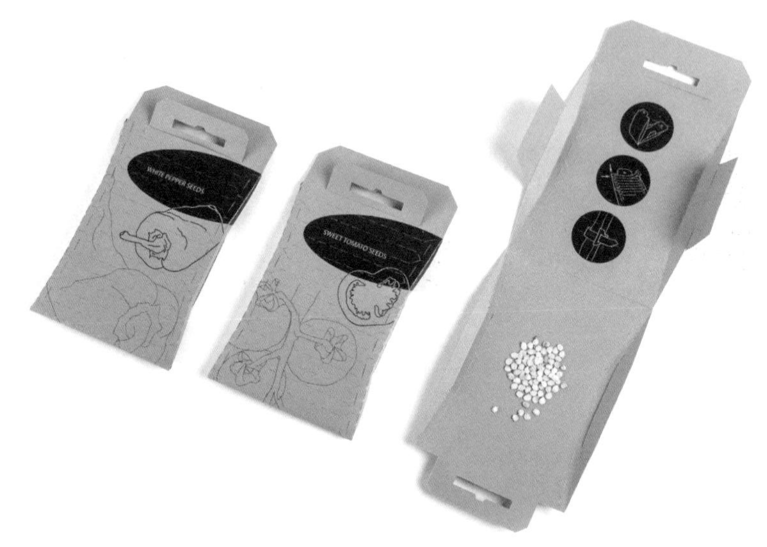

图 3-58　Seed for Home 家庭蔬菜种子产品包装设计

作为产品名称的底图，将视觉流程的起点引向产品名称，使消费者第一时间关注最重要的文字信息。同时包装外观的装饰元素是以被承装植物种子的内容为主题进行的绘画插图设计，并以“单线”的形式进行表现，此设计方式不仅能够向消费者提示产品的内容信息和对产品包装起到装饰和美化的作用，同时还能够减少印刷面积，节约资源和控制油墨的使用。产品包装打开之后是以图形作为表现方式的包装使用说明，相比文字而言，更能够使消费者更快地理解所要传达的信息，节约消费者的学习和使用时间。同时，此包装的材料选用和生产工艺方面同样十分巧妙，其选用了可降解的纸质材料作为包装材料，在工艺方面采用了通过穿插、折叠的结构形式，避免了胶粘剂的使用所造成的资源浪费和环境污染。

2. Bagrip 自行车配件产品包装

图 3-59 所示的是由设计师巴塞洛缪 • 霍鲁巴（Bartoloměj Holubář）为 Bagrip 自行车配件品牌设计的一款自行车配件包装。此包装外观设计以文字和图形符号元素为主，包装的外侧正面为产品的品牌名称，一侧为图形符号形式的产品品牌标志，内侧为简约的产品宣传广告语和归纳简约化的“自行车”形态，以线性的视觉形式进行展现，不仅有效减少了印刷面积，控制了油墨的使用，同时还营造出时尚、现代的产品风格，势必会受到年轻消费者的欢迎和喜爱。此包装整体外观仅使用了单色的设计形式，能够有效地减少油墨的使用。同时，在包装结构和材料方面，其采用了以线绳和结构本身的构造进行包装的方式，有效避免了胶粘剂的使用，材料方面则采用可降解的纸质原料作为整体包装材料，能起到环保和节约资源的作用，而廉价的原料和低廉的成本，还能有效降低产品的售价，促进产品的销量。包装整体风格符合产品作为青年人自行车配件的产品内容，实现了产品内容与包装形式的高度统一，达到了此产品包装的设计目的。

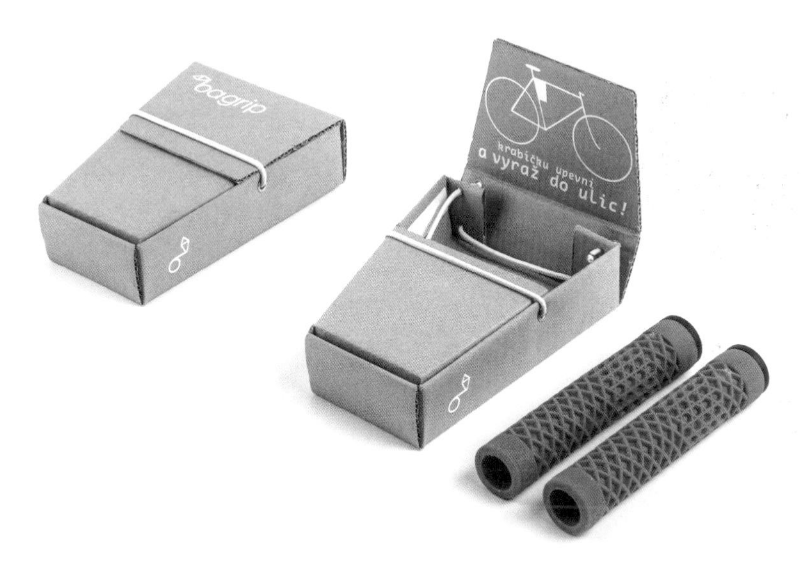

图 3-59　Bagrip 自行车配件产品包装设计

3. From Paper Bag to Book Cover 书籍环保购物袋

图 3-60 所示的是由设计师玛蒂娜 • 多勒扎洛娃（Martina Doležalová）设计的一款极具美感和创意的环保购物袋。在整体造型方面，此书籍购物袋呈现出简约、现代的视觉效果，在外观上采用了抽象几何图形的方式，通过看似凌乱的点与线的不规则组合形式，构成丰富的视觉节奏感，通过线条的粗细变化，实现了视觉层次上空间感的形成。同时，高度抽象的图形视觉元素，能够带给消费者时尚、启迪、神秘、活泼的使用感受。虽然包装的外观是二维层面的静止图案，但却通过图形元素的巧妙安排产生一种不平衡感和动感。因此款环保书籍购物袋具有美观而富有创意的外观，同时由环保、结实的牛皮纸材料制成，因此设计师对其进行了多功能设计，在购物袋的底端进行了可撕式设计，使得消费者在购物袋承装完书籍之后可将其作主体部分单独裁出，作为书皮或礼品包装等材料用纸进行二次循环利用，能够在一定程度上节约木材资源、减少生态环境的破坏。同时，消费者可以个人的喜好在书皮上进行绘制和书写，具有个性化的特点。

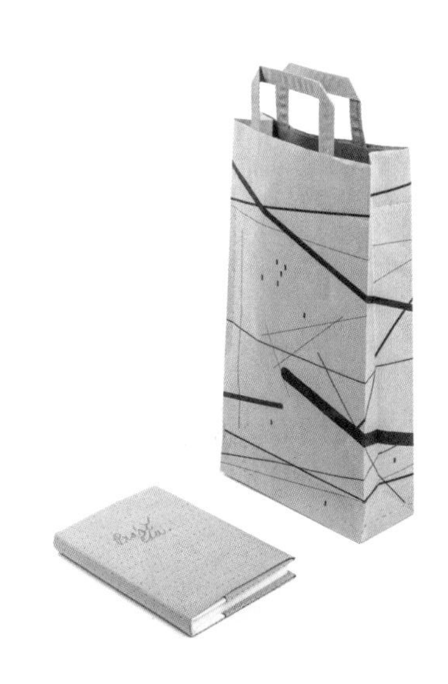

图 3-60　From Paper Bag to Book Cover 书籍环保购物袋设计

图 3-61　Titobowl 果盘包装设计 1

4. Titobowl 果盘包装

如图 3-61、图 3-62 和图 3-63 所示的是由设计师皮拉尔·巴尔莎洛布勒（Pilar Balsalobre）设计的一款果盘包装。值得一提的是，此果盘产品的设计理念，其主体部分以木质的橄榄果形态呈现，底盘为承装橄榄果实的区域，中间的器皿的主功能为盛放消费者在食用橄榄果后吐出的果核或食用橄榄时的竹签。这款充满创意和趣味的产品的包装设计也同时采用了充满浪漫自然气息的表现方式。其整体形态以易拉罐装的形式呈现。在包装的外观方面，以绘画插图为主要的视觉表现形式，主要视觉元素为“橄榄枝”的有机形态，准确地体现了产品内容，并传达出自然、清新、有机、健康的消费理念，并且采用少量的色彩进行设计，有效地减少了用于包装印刷的油墨使用所造成的环境污染。同时，在多个包装一并放置时，还能够形成连续的视觉效果，将产品包装外观中的“橄榄枝”绘画插图组合成一幅连续的图案，这样当产品在被大量销售时，能够在销售区域形成视觉美感。在包装的材料方面，其纸质材料由经验丰富的西班牙工匠师以纸板和再生纸打造而成，属于环保可持续包装材料，同时还具有结实耐用的特性。如此美观、实用的产品包装，值得消费者在取出产品后，继续作为笔筒、置物罐等物品进行二次利用。

5. 手工工具箱包装设计

图 3-64 所示的是由设计师杰拉德·卡尔姆（Gerard Calm）和泽维尔·卡斯泰尔（Xavier Castells）共同设计完成的一款用于制作布料拼贴、丝织制品，以及陶瓷制品的手工工具套装产

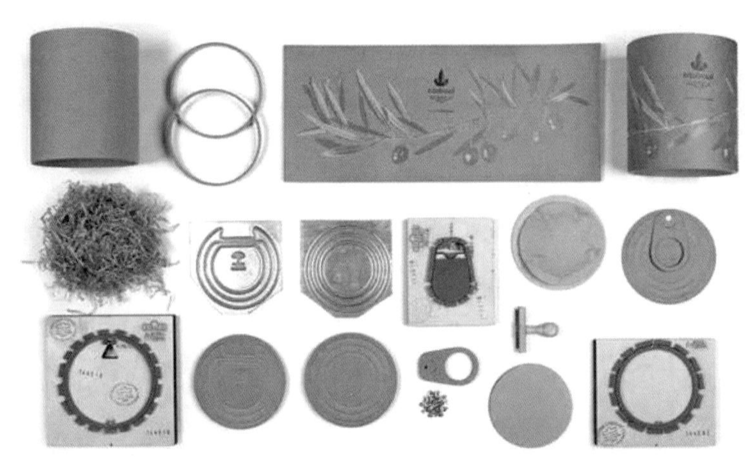

图 3-62　Titobowl 果盘包装设计 2

图 3-63　Titobowl 果盘包装设计 3

品包装。此包装分为外包装与内包装两层，外包装的主要功能为宣传产品销售理念和介绍产品内容，内包装的主要功能为保护产品，并可作为产品的循环承载容器。外包装的外观在视觉表现形式上采用了几何图形、绘画插图，以及摄影图像等多种视觉元素结合表现的方式，营造出产品的趣味气氛，同时明确产品的主要功能，通过一个“布艺包”的图像形式简单明了地展示出产品是用于制作手工制品的工具。在包装的打开方式上，此包装采用了线圈缠绕的传统固定方式，不仅易于循环使用，还使整体包装具有手工的风格倾向。同时，在材料的选用方面，此工具箱的主要材料由再生纸板和非涂布胶版纸制成，具有可降解的环保特点。

图 3-64　手工工具箱包装设计

3.3 节约型包装的色彩设计

3.3.1 节约型包装色彩设计的概念与类型

色彩的设计在包装设计中起着至关重要的作用，可以说，产品包装的色彩设计是否恰到好处，是一个产品能否快速吸引消费者的决定性因素（见图 3-65）。消费者在进入消费区域后，首先注意到的即是产品包装的色彩，随后才会关注到产品包装的造型、结构、材料、外观文字和图形图像元素。包装色彩的设计和选用，需要根据具体的产品内容、销售目的、销售理念、潜在消费者的喜好等因素进行结合，而不是根据设计师个人的审美喜好随意进行拟定。因此，包装色彩的设计和使用需要遵循一定的方法和元素来进行设计。

根据色彩学理论，色彩由三个要素组成，分别为色相、明度和纯度，包装设计中的色彩设计同样需要从这三个角度出发进行设计。色相，即色彩的取向、色彩的相貌。例如，日光通过三棱镜分解出红、橙、黄、绿、蓝、靛、紫 7 种色彩（见图 3-66）。明度，是指色彩的深浅和明暗程度，例如土黄、中黄、淡黄、柠檬黄等（见图 3-67）。纯度，即色彩的鲜艳程度，不同的色相不仅明度不同，纯度也不同（见图 3-68）。

图 3-65　Leau 饮品包装设计

节约型包装的色彩设计，需要以节约型包装的设计理念为出发点，一方面从色彩的三个要素的角度出发进行设计。同时，还需结合节约型包装的整体色彩拟定、色彩的情感化设计，以及节约型包装的色彩设计原则进行设计。节约型包装的色彩设计，旨在通过设计的方式，有效降低产品包装印刷所造成的资源、能源浪费，以及环境的污染。同时，还需要通过对于产品包装色彩的设计，有效节约消费者在进行产品购买和使用时的时间，在色彩上符合消费者的固有认知和营造健康、节约、环保、绿色的想象，还能够通过色彩的情感化设计，结合不同消费群体的信息认知特点，宣传和提倡节约型消费观，实现资源的可持续和优化配置。与传统产品包装的色彩设计不同的是，节约型包装的色彩不仅需要从色彩心理学的角度出发，结合产品本身和不同的消费者文化、教育和职业背景进行设计，还应与包装的造型、结构、各个外观视觉元素，以及包装的材料相结合进行设计，分别从细节和整体的角度展现节约的设计理念。

3.3.2 节约型包装的整体色彩拟定

如图 3-69 所示，如果说造型和结构是包装的骨骼、包装文字和图形图像元素是包装的血肉，那么包装的整体色彩便是它的衣装。包装的整体色彩，能够在第一时间，为消费者传达产品的整体概念和信息，使消费者在未进行包装文字的阅

图 3-66　日光通过三棱镜分解出的六种色彩

图 3-67　色彩的明度变化

图 3-68　色彩的纯度变化

图 3-69　节约型产品包装设计

图 3-70　承载产品信息的包装色彩设计

读和图像的观看时，便能够快速感知被包装产品的大致种类和适用人群。针对节约型包装的整体色彩拟定也是一样的，需要从潜在用户特点、产品内容，以及节约型设计理念出发进行设计。

节约型包装整体色彩的拟定包括单一产品包装以及系列产品包装色彩的拟定两种方式。单一的产品包装色彩设计，重点在于准确地传达产品内容，有效节约包装生产过程中造成的资源浪费和减少生产包装时造成的环境污染隐患。而系列产品包装的色彩拟定和设计，除如上提到的注意点外，还需要实现包装色彩的互相呼应，并且具有一定的连续性，或通过某些共用色彩进行统一化处理，增加系列产品的共同点，从而准确表达系列产品的销售理念。总体而言，在进行节约型包装设计的整体色彩拟定时需注意以下 4 点设计原则。

1. 整体色彩设计以产品内容为核心

节约型包装的整体色彩设计需要以产品的内容为核心进行设计，不能够一味地追求节约效果而过分减少了产品包装的视觉冲击力、吸引力和信息传达能力。如图 3-70 所示，传达被承装产品的信息，是节约型包装的首要功能。因此，在进行设计时需要将产品信息、包装设计、节约理念紧紧结合，设计出具有三重功能的节约型包装产品。

2. 善于运用包装材料原色进行设计

不同的包装材料具有不同的色彩和肌理效果，某些包装材料具有美观、清新、自然的色泽。因此，在进行节约型包装的整体色彩拟定时，尽量选用具有美观和亲和特性的包装材料，将产品包装的材料原色直接作为包装色彩进行呈现，不仅能够节约资源和能源，减少或避免油墨印刷带

图 3-71　节约型灯泡包装设计

图 3-72　节约型食品包装设计

图 3-73　20 YEARS AGO 包装设计

来的环境污染，还能够在消费者精神关怀的层面，带给消费者简约、淳朴、自然、清新的使用感受（见图 3-71）。

3. 采用单色或少色设计方案

节约型包装的整体色彩拟定还应尽量采用单色或少色的设计（见图 3-72）。在包装材料颜色不足以被直接使用的前提下，可进行一定面积大小的色彩印刷，以使产品包装风格与产品本身相符。但色彩的使用应尽量控制在一到两种，最多不超过三种，以减少油墨的使用。

4. 传达节约、环保、健康的消费理念

节约型包装的整体色彩拟定应以传达节约、环保，以及健康的消费观念和文化作为其设计目的之一，通过对潜在用户心理和信息认知能力进行深入的研究，使用能够对其起到暗示作用的包装色彩（见图 3-73）。

3.3.3　节约型包装色彩的情感化设计

人类的五感在一定程度上决定了其思考和情感变化方式，视觉作为人类一项重要的感知方式，能够对人类的情感进行最直接的影响，而色彩作为视觉因素中最具影响力的因素之一，可谓对人们的心理变化产生着至关重要的作用。在人类的潜意识当中，不同的色彩趋向往往代表着不同的含义，具有不同的心理和情感暗示效果。在节约型包装的色彩设计过程中，对潜在消费者情感特点和心理需求进行深入的研究，能够提升节约型包装的品牌宣传和销售效果，节省消费者获取产品信息的时间，同时还能通过色彩心理暗示的方式，向消费者提倡和宣传节约的消费文化。

1. 节约型包装的冷暖色设计

在节约型包装当中，为有效节约印刷所耗费的资源和避免环境污染，在对其色彩进行设计时，以较少的色彩使用种类为佳，那么通过情感化设计的方式，使有限的色彩具有丰富的心理暗示和信息提示效果，不失为一种有效节约资源、能源，节省消费者信息获取时间的方式。

包装色彩的冷暖，能够引起消费者不同的心理反应，在包装色彩设计的初始，对色彩的冷暖进行设计和拟定，能够将包装设计整体情感趋向进行准确的限定，为后续的色彩细节设计节省设计成本。

通常而言，冷色的物理性质能够带给消费者理性、时尚、冷静、平静和凉爽的感觉（见图3-74），包括蓝色、紫色、粉色，可用于例如男性日化产品、医疗产品、电子产品、夏日生活用品等的包装。而暖色的物理属性能够带给消费者温暖、热烈、热情、兴奋、青春、甜蜜的心理感受（见图3-75），包括红色、橙色、黄色，更多的适用于例如儿童食品包装、成人食品包装、年轻女性日化包装、节日礼品及事物包装等。除了冷色系与暖色系之外，还有部分的中性色系能够运用在包装设计当中。中性色包括黑色、白色、灰色、绿色。黑色与白色具有高端、冷艳、时尚的气质，常用做在包装设计当中，适当地运用黑白二色，能够调和包装色彩的整体性（见图 3-76、图 3-77）。灰色，作为一种中性色，能够通过冷暖的调整而具有不同的情感趋向，暖灰具有亲和力、安全、舒适的气质，能够运用在家居品、纺织品等包装当中，而冷灰则具有高端、理性、严肃的气质，较适合运用在男性办公服装、办公用品等产品包装中。绿色是最能够代表大自然的颜色，而节约型包装就是旨在节约自然资源、能源，保护自然环境，因而绿色是最合适被设计于节约型包装的色彩（见图 3-78），绿色能够带给消费者清新、健康、自然、环保、舒适的心理感受，因此常被运用于食品、饮品等包装设计当中。

图 3-74　节约型墨镜包装设计

图 3-75　节约型南瓜子包装设计

图 3-76　黑色为主的节约型包装设计

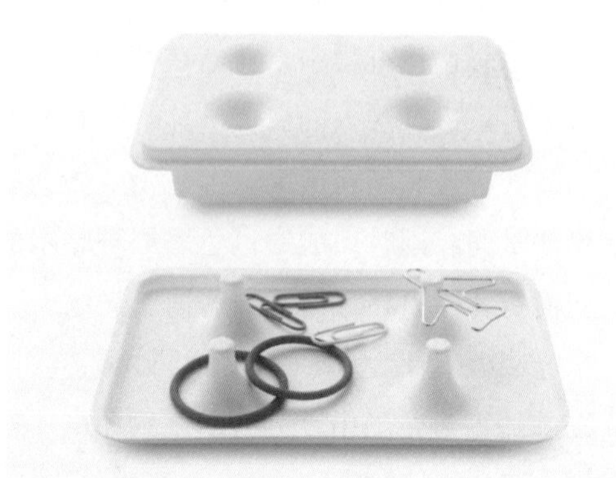
图 3-77　白色的节约型包装设计

图 3-78　绿色节约型包装设计

2. 节约型包装的象征色设计

在节约型包装设计当中，不仅可以通过色彩的冷暖进行包装情感的诉说，还能够有效地运用色彩的象征意义进行情感表现。随着人类文明的不断发展，不同的文化圈当中，人们或因自然环境，或因人造环境，产生了共同的心理联想，形成了不同的色彩文化观。这便使得在一定的文化体系中，色彩能够指代特定的含义。在节约型包装设计中巧妙地运用这种色彩原理，能够快速地传达包装信息，从而能够适当地减少文字和图形图像元素，减少油墨的使用面积，同时节约消费者的信息获取时间。例如，绿色的刺激性较小，色彩的属性方面属于中性色，能够带给消费者健康、休息、宁静、生命的感受，较多地被运用在感冒药、消炎药产品包装中，能够带给患者放松、治疗、缓解之感（见图 3-79）。又如黄色具有较强的刺激性，能够在第一时间吸引消费者的注意，其具有的危险、毒性等的心理暗示作用，使其经

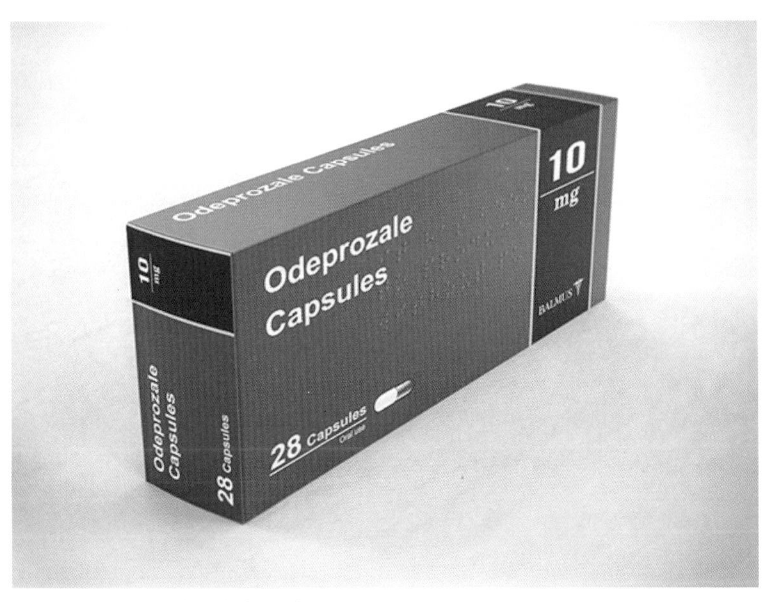

图 3-79　节约型药品包装设计

常作为危险品或其衍生品的包装色彩而使用，能够带给消费者警示的心理暗示作用（见图 3-80）。红色常常象征着热情、奔放、温暖、刺激，因此在某些青年饮品、运动产品等包装中会更多地出现以色作为包装的主要色彩（见图 3-81）。

3. 节约型包装的形象色设计

节约型包装的形象色是指那些运用在节约型包装设计中的，通过消费者长期的视觉经验和文化内容中对消费者起到心理暗示作用的色彩。如图 3-82 所示，形象色的使用，同样具有快速传达产品信息的作用，能够更快、更好地区别和建立企业、产品形象，便于产品包装的系列化设计和迭代设计。

例如，在调味品系列包装的设计当中，可以从能够代表调味品的形象色彩出发进行系列产品包装的设计，如红色可代表辣椒粉、灰棕可代表胡椒粉、深棕色可代表八角、绿色代表芥末等，能够从色彩的角度，带给消费者不同的味觉感受，将视觉与味觉形成关联机制，节约消费者的产品信息理解时间。同时，根据形象色的特点，很多色彩都是根据具体的形象进行命名的，例如，以水果命名的色彩有

图 3-80　节约型玩具包装设计　图 3-81　节约型食品包装设计

图 3-82　节约型果汁包装设计

苹果绿、桃红、柠檬黄、葡萄紫等；以金属命名的颜色有青铜色、紫铜色、铜绿色、宝石蓝等；以植物命名的色彩有玫瑰红、草绿色、茶绿色、咖啡色、米黄色、米白色等。类似于此类型的色彩还有很多，皆可以根据其色彩的形象含义进行设计。在节约型包装设计当中，形象色的使用量越大，越能够减少文字和图像内容的印刷，其形成的节约效果越佳。

4. 节约型包装色彩的文化因素

文化因素，是节约型包装彩设计过程中不得不注意到的重要内容之一。由于不同的消费者的国家、文化背景、职业背景、教育背景、性别、年龄、宗教信仰背景等因素的不同，导致各个消费者对于色彩的情感化影像不能够一概而论。设计师需要针对潜在消费者的文化特点，进行深入的分析和研究，对色彩的设计进行层层把关。将具有歧义或反义的包装色彩运用在某些文化背景下的消费者，不仅不能起到节约的作用，甚至会引起负面、消极的社会影响。

例如，在东、西方文化中，某些色彩代表的含义不尽相同。普遍来说，红色在东方国家代表吉祥、如意、祝福、嫁娶、喜庆的寓意，因此在为东方文化背景的消费者进行包装设计时，常常将红色作为节日礼品包装的色彩（见图 3-83），而在西方文化中，红色往往代表着危险、反叛、青春、血液、邪恶、禁止、革命等含义。因此，在为西方消费者进行设计时，则应考虑红色在其文化中的含义，可用作危险品、青年极限器械产品的包装等；又如黄色在东方文化中往往代表着皇家、高贵、典雅、神圣、绚烂夺目、王权、豪华的寓意，因此常被用在礼品包装中，但在西方，黄色并不具有相同的含义；又如白色在东方文化中象征着葬礼、悲伤的含义，与红色呈现鲜明的情感对比，而同样的含义，在西方文化中则需要通过黑色来进行传达；蓝色在欧美文化中常常代表着智慧、典雅、宁静、忧郁和冷漠的情绪，这与欧美国家靠海而居的生活环境是分不开的（见图 3-84）。在瑞典，蓝色象征着男子气概，因此

图 3-83　节约型礼盒包装设计

常被运用在男性护肤品的包装当中。而在荷兰，蓝色则往往代表着女性、阴柔的特性，更多地被设计在女性日化产品当中。而在埃及，则排斥使用蓝色。

5. 节约型包装色彩的对比设计

包装的色彩，不仅能够通过色彩的象征和形象含义方式进行设计，还能够通过不同色彩的对比特性进行信息的表现和视觉冲击力的营造。在节约型包装设计当中，通过利用互补色、对比色、邻近色以及同类色进行设计，能够起到产品信息传达的事半功倍的作用。同时，将节约型包装的材料原色作为色彩之一，而根据原色进行对比色的设计（见图 3-85），运用在包装当中，能够有效地减少产品包装印刷造成的资源浪费和环境污染。首先，互补色，又称强度比色，是指在色相中最强的两种颜色对比色，色环的任何直径两端的相对之色都称为补色（见图 3-86），两种色彩混合后呈现黑灰色。这种类型的色彩搭配方案，具有极强的视觉冲击力，因而常被运用在青年饮品、儿童食品等包装设计当中（见图 3-87）。第二，对比色，是视觉冲击力仅次于互补色的两种色彩，是指在 24 色相环上相距 120°～180°的两种色彩（见图 3-88）。对比色同互补色一样，具有强烈的分离性，因此在运用在节约型包装的色彩设计中时，在较为恰当的位置，使用适当面积大小的对比色，能够表现出较好的视觉对比与

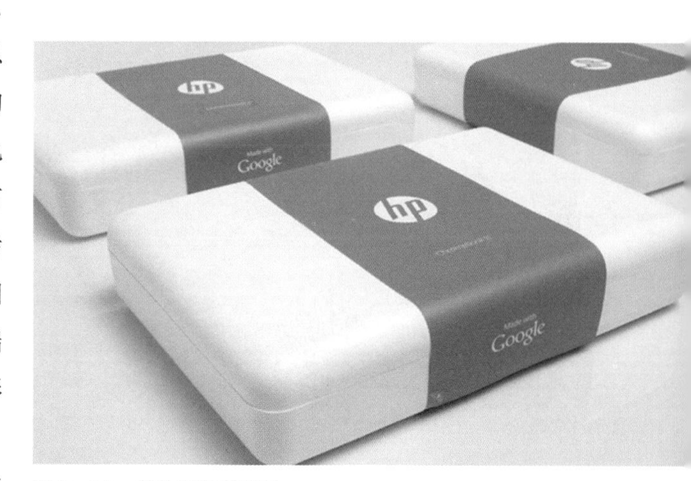

图 3-84　节约型包装设计

图 3-85 节约型音乐专辑包装设计

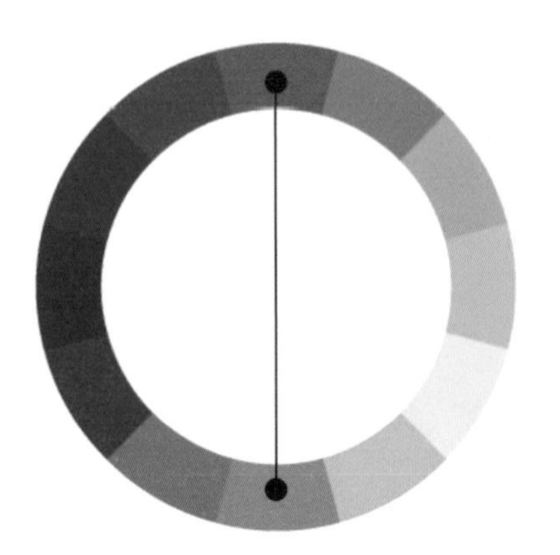

图 3-86 色环中的两种互补色

平衡效果，增加产品包装的美观性和视觉冲击力（见图 3-89）。第三，邻近色，是指在色相环中相距 90°，或相隔 5 ～ 6 个色位的两种色彩（见图 3-90），邻近色的冷暖较为一致，色调较为和谐统一，因而所传达的信息与情感也较为相近，能够很好地被运用在系列产品的节约型包装设计中（见图 3-91）。同类色，其色相较邻近色更为相近，是指色相相同，但具有深浅区别的色彩（见图3-92），此类型色彩相比其他色彩方案，设计方法较为简单。例如，在某些饮品包装当中，通过使用饱和度较高的橙色与饱和度较低的橙色作为配套色进行设计，能够带给消费者酸甜的心理暗示作用，还能够减少复杂色相的配色方案造成的油墨使用过量的问题。同时，在节约型包装设计当中，可通过包装材料原色的深浅区分进行同类色的呈现。例如，某些谷物产品的包装设计，不仅能够丰富视觉层次和效果，还充分地节约了自然资源，减少了由于油墨的使用而造成的自然环境污染。

图 3-87 多功能包装设计

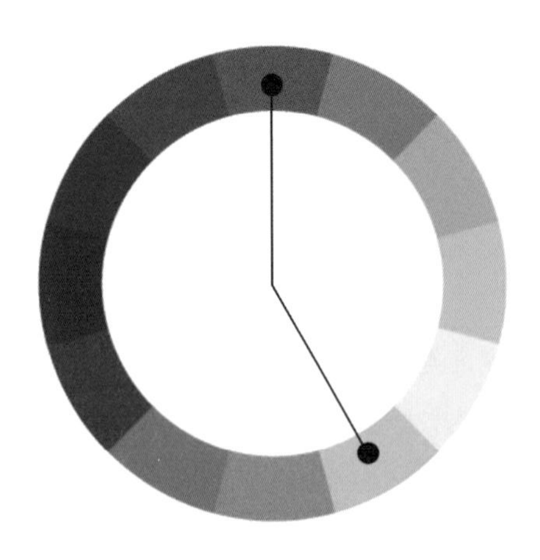

图 3-88 色环中的两种对比色

图 3-89　节约型包装设计

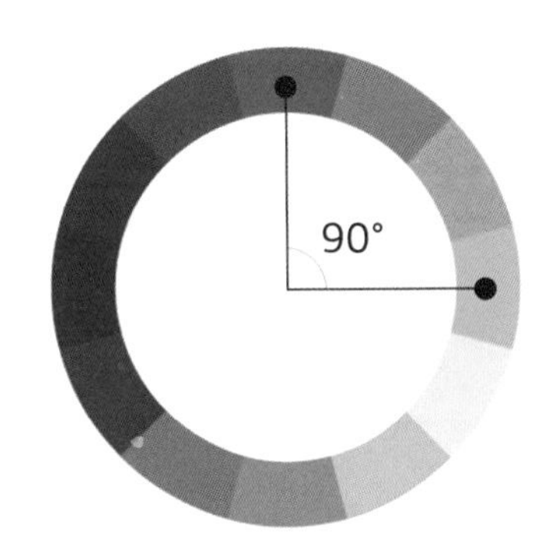

图 3-90　色环中的两种临近色

图 3-91　节约型饮料包装设计

图 3-92　两种同类色

图 3-93　节约型餐具包装设计

6. 节约型包装色彩的节约环保意识融入

如图 3-94 所示，在节约型包装的色彩设计过程中，除了能够充分地运用色彩自身原理进行产品内容和销售信息的展现外，还需要将节约型包装的节约、环保意识，融入色彩的设计当中。一方面，在恰当的产品主题下，使用在消费者观念中更具有节约、环保、朴实、清新含义的色彩，例如各类绿色、白色、驼色、米色、暖灰色、淡黄色等。另一方面，有效地运用产品包装的材料原色以及视觉和触觉肌理特征，同样不失为一种宣传和倡导节约型消费观的好方法。亲和的触感和温和、健康的色彩能够从心理上给予消费者关怀，从根本上使消费者接受节约型消费观，享受节约型包装产品带来的便利和服务。

图 3-94　节约型包装设计

3.3.4　节约型包装的色彩设计案例赏析

1. Obal na mouku 面粉产品包装设计

图 3-95 所示的是由设计师瓦莱丽・珂洛帕珂娃（Valerie Kropácová）设计的一款面粉的产品包装。此包装以环保纸质作为包装的原材料，并由内包装和外包装的双层结构进行呈现。在包装的外观设计上，通过手绘麦子图案的形式，暗示消费者产品包装中所承装的产品，同时通过一些极为简单的文字描述，对产品的大致信息进行了简单的介绍。值得一提的是，在此包装的色彩设计方面，它充分地采用了利用包装材料原色进行设计的方案，内部由牛皮纸制作而成，既起到了对于面粉的保护作用，还能带给消费者清新自然的使用感受，与外包装的大麦色彩产生呼应；其外部采用了白色纸质品的材料原色，在色彩层级上形成内深外浅的效果，符合人类对于色彩空间的心理认知。在白色的外包装上，使用环保油墨印有少量的文字和图形内容，其造成的资源浪费和环境污染微乎其微，几乎可以忽略不计，这些信息内容以暗黄色相、低明度、低饱和度的同类色方式印在白色纸底上，具有鲜明的对比效果，能够使消费者快速、方便地获取产品信息，同时还能够通过麦子装饰图案的颜色展现产品的内容信息。在此包装的使用方式方面同样别出心裁，因其环保、健康的材质特性，其可在面粉使用完毕之后用作面包或糕点的烘焙，其内包装尺寸在展开后，与普通的烤盘大小相同，可用作烤盘纸垫，达到二次利用的目的。同时，此包装内还附有一张食谱卡，方便消费者进行烘焙和面点的制作。

2. iPhone 手机包装设计

图 3-98 所示的是由设计师雅各布・珂米拉（Jakub Krmela）设计的一款 iPhone 手机的产品包装。此手机包装呈现出极简的视觉效果，其通

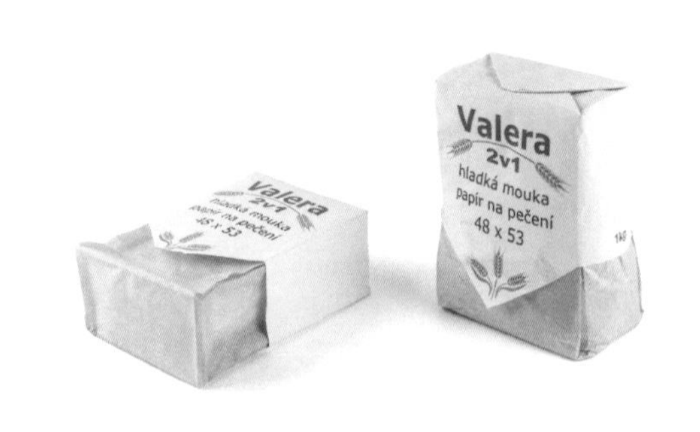

图 3-95　节约型面粉产品包装设计

图 3-96　iPhone 手机包装再设计

过简单的线框形态的手机图形进行信息的呈现，白色的手机形态在黑色的底图上形成鲜明的对比，增强了产品包装的视觉冲击力。同时在色彩的设计方面，此包装采用了黑、白二色的双色设计方案，以较为节约的色彩使用方式，减少了所使用油墨的种类，直观、鲜明地展现出产品的内容和信息。iPhone 作为一款现代人最常用的手机品牌类型之一，具有广泛的认知度，因此无须过多地在产品的包装中展示产品的使用方式或其他说明，大部分消费者对其早就有一定了解和认知。极简的视觉表现方式，不仅能够传达出节约的消费理念，同时还能够带给消费者一种时尚、现代之感，从而快速地吸引消费者的眼球，起到产品的促销作用。虽然此包装的结构设计与普通的 iPhone 包装设计无异，但在其使用方式上却是别出心裁。消费者在取出手机后，可以自己动手，通过剪裁和折叠组装的方式，将包装制作成为一款简易的手机保护壳，起到产品包装二次利用的作用，消费者无须再购买手机保护壳，充分地节约了自然资源，也避免了产品包装随意丢弃造成的环境污染。

3. Dulce Plai 蜂蜜包装

图 3-97、图 3-98 所示的是由设计师斯特凡・布拉库（Stefan Burlacu）设计的一款食用蜂蜜的产品包装。此蜂蜜产品所在公司旨在倡导健康、自然、绿色、可持续的生活理念，因此其产品理念恰好与节约型包装设计理念不谋而合。Dulce Plai 蜂蜜产品的包装设计，以罐装的形态作为整体包装造型，并以玻璃作为包装的主要材质，罐盖为木质材料。同时，以环保纸作为盖子的外封纸，并通过松紧带的方式将其固定，其整体形态由传统的蜂蜜罐形态演变而来，具有复古怀旧之感，带给消费者亲切、温和的使用感受。此包装的外观设计主要由文字设计和鲜艳的色彩组合而成，文字通过夸张变形的手法，将产品名称和信息进行展现，带给消费者可爱、甜蜜的感

图 3-97　Dulce Plai 蜂蜜包装 1

图 3-98　Dulce Plai 蜂蜜包装 2

受。在色彩设计方面，采用了单色的设计方案，仅用一种鲜艳的黄色进行呈现，与蜂蜜的色彩相呼应，有效地使用了黄颜色所具有的甜蜜、快乐的情感寓意，快速地向消费者传达产品的内容信息。同时，在松紧带的色彩设计上，使用了少量的黑色作为装饰，展现出蜜蜂的形态，增加了此产品包装的趣味性和视觉吸引力，并与玻璃罐上端的蜂巢形态相呼应。

4. 马镫改造包装设计

图 3-99 ～图 3-102 所示的是一款巧妙而富有创意的马镫改造包装。2014 年由包装设计师与香港赛马俱乐部共同发起了一项改造废旧马镫并二次利用为家居用品的设计项目，这是用于比赛的纪念用品。此包装分为内包装和外包装两部分，内包装即是通过废旧的马镫与皮革、铆钉等配件相结，作为用于承装椒盐调料瓶、花盆等物品的包装；外包装则为承装整体产品内容的环保牛皮纸质包装袋，并配有提手和说明标签，牛皮纸的坚固特性，能够有效地包装被承装的产品。此包装的外观视觉元素主要由马镫的抽象图形、节约的文字所组成，鲜明地传达出产品内容信息。在色彩设计方面，此包装采用了包装材料牛皮纸的原色与黑色单色设计的配色方案，不仅传达出简约、现代、时尚、大气的产品视觉风格，与产品自身设计风格相呼应，同时还有效地减少了包装印刷所造成的资源浪费和环境污染。不失为一

图 3-99　马镫改造包装设计 1

图 3-100　马镫改造包装设计 2

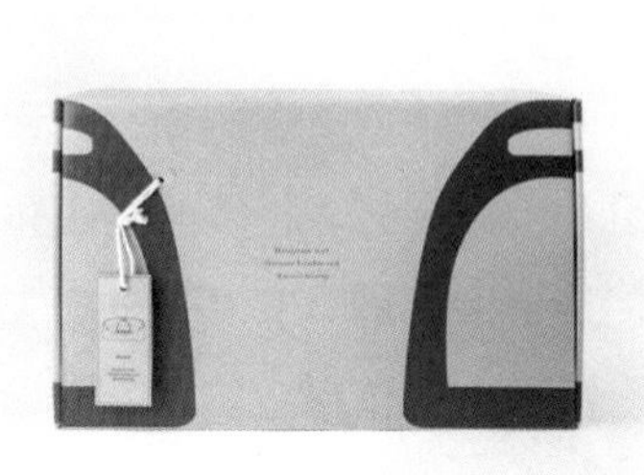

图 3-101　马镫改造包装设计 3

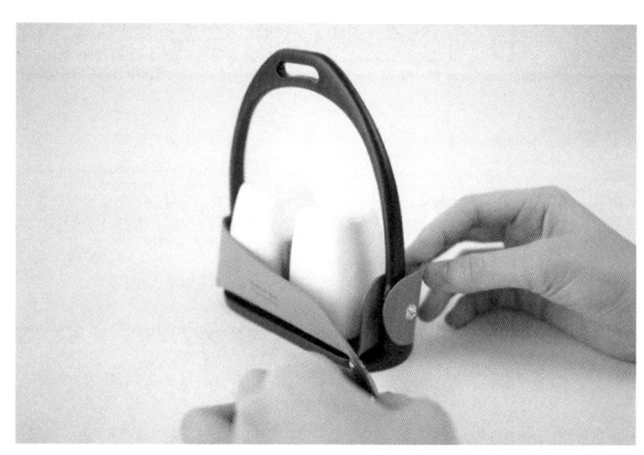

图 3-102　马镫改造包装设计 4

种巧妙而节约的节约型包装色彩设计方案。

5. Hotel Packet 宾馆小物品包装设计

图 3-103 所示的是由设计师克拉拉·简珂娃（Klára Janypková）设计的一套宾馆小物品的产品包装，其中包括洗漱用品、手机充电线等产品的包装。此系列包装由环保纸质包装材料以简约的交叉形态所呈现，在结构上通过穿插的形式将所承装的产品进行固定，避免了胶黏剂使用所造成的环境污染。在外观设计方面，此包装主要由简单的线框示意图形和极简的文字呈现，并均以白色的方式呈现，突出了系列包装的整体性。同时，在色彩的设计和使用方面，每种包装采用了单色设计，系列包装统一地使用了邻近色的设计方案，并统一采用了冷色调的设计方式，对产品包装的视觉向消费者展现出清新、洁净、理性的产品特点，传达出宾馆的细致、亲和、体贴的服务态度。

图 3-103　Hotel Packet 宾馆小物品包装设计

3.4 节约型包装的商标与品牌设计

3.4.1 节约型包装商标与品牌设计的概念与类型

生活中总有一些产品能够成为经典，成为人们身边必不可少的物品，而人们对于这些产品最深刻的印象莫过于这些产品的商标与品牌（见图 3-104）。对于一款产品或一个品牌而言，其产品自身与其商标和品牌不断地发生着神奇的“化学反应”，相互促进、相互影响，一个产品的诞生离不开商标与品牌的设计，而一个商标与品牌的不断完善和发展又离不开产品自身的优良质量和属性。

产品的商标和品牌指的是产品的生产者、经营者在其生产、制造、加工、挑选或经销的商品上，或者服务的提供者在其提供的服务上，所采用的用于区别商品或服务来源的，由文字、图形、字母、数字、三维标志、声音、颜色组合，或上述要素的组合，具有显著特征的标志和品牌。

产品的商标和品牌具有高度的概括性，并含有丰富的产品和企业信息内容。基于节约型包装的商标与品牌设计不仅需要综合考虑企业、产品、技术、市场、消费者等因素，还需要针对产品包装生产所消耗的资源、能源与具体的产品包装适用环境相结合，做到在宣传和促销产品的基础上，最大限度地减少资源、能源的消耗和浪费，并且在最大程度上减少对于环境的损害，并尽量降低产品包装的生产成本，同时还需要通过产品的商标和品牌传达和倡导节约型消费观。

产品的商标和品牌与其他包装外观的视觉元素不同，其具有面积小、信息量大的特点，节约型包装的商标和品牌的这些特点则更加鲜明。对于节约型包装设计而言，其商标和品牌在整体包装的设计中处于重要的地位之一，其需要以最

图 3-104 令消费者印象深刻的麦当劳餐厅食品包装设计

简约化的图形或文字等元素，传达十分复杂和丰富的内容信息，通过视觉的方式使产品在消费者的意识中长时间的留存，并弥补节约型包装设计的减量化设计所造成的可能的信息展示不足的问题。

在人们的消费观念中，一些经典的产品商标和品牌已深入人心，在进行节约型包装的商标和品牌设计时，通过对现有经典案例进行分析和总结，归纳其视觉设计的可取之处，并结合节约型包装设计理念进行设计，不失为一种高效而又具有学习性的设计方法。

可进行研究的优秀商标和品牌设计不胜枚举，以最常见的“可口可乐”商标来说，如图 3-105 所示，其采用了“商标中心主义”的表现手法，使消费者对于产品的印象极简化，对产品包装上的文字商标过目不忘。无论商标在之后的发展和迭代当中怎样改变和再设计，都没有改变其文字商标的结构特征（见图 3-106）。可以说，这样的设计方式非常适用在节约型包装设计当中，通过极简的视觉元素表现产品的信息，不仅能够有效减少产品包装生产过程中造成的资源浪费和大面积油墨使用造成的环境污染，还能够在销售的层面上，使消费者快速地对产品商标和品牌进行记忆和印象留存，可谓是一举两得，因此人们经常会见到有很大一部分的商品包装都只保留了商品的商标和品牌。信息内容的丰富性不一定非要通过元素的堆砌来实现，更巧妙的方法则是通过最少的视觉元素，传达更丰富的信息，对产品包装上的商标和品牌进行最细致的设计便是如此。

针对节约型包装设计的特点出发，其商标和品牌的设计主要包括三种：①文字式；②图形式；③文字图形组合式。

1. 文字式

通常指在包装设计当中以纯粹的文字表现形式进行展现的产品商标（见图 3-107），与普通产品包装上的文字式商标不同的是，其主要以简约的字体形式和风格呈现，与节约型包装的整体

图 3-105　可口可乐环保包装设计

图 3-106　可口可乐包装瓶形式演变

图 3-107　节约型饮料包装设计

简约的视觉风格相统一，尽量杜绝和避免不必要的印刷面积，减少文字内容商标的修饰，体现最重要的核心信息和内容即可。

2. 图形式

图形式相比文字式，能够传达更多的信息量，具有更强的视觉冲击力，但不能够直接地展现产品的品牌名称，因此还须在包装的其他信息内容中标注其品牌名称（见图 3-108）。因此，在进行图形式的商标设计时，应尽量减少图形的复杂度，做到简约化、抽象化，仅保留有效的视觉信息即可，从而减少因过度印刷而造成的资源、能源浪费和环境污染。

3. 文字图形结合式

文字图形结合式（见图 3-109），顾名思义，就是通过产品品牌的文字名称元素和图形共同进行产品商标的表现，使两种元素相互结合，互相补充。在进行其设计时，不仅需要尽量做到节约，同时在色彩的使用上，应采用单色和少色设计，并与产品自身和包装其他视觉元素相结合，减少油墨使用造成的资源浪费和环境污染。

3.4.2　节约型包装商标与品牌设计的设计原则

一般而言，节约型包装相比普通的产品包装，视觉冲击力较弱，外观上的视觉元素力求进行轻量化的设计，因此其商标与品牌的设计就显得尤为重要，所承载的信息和产品内容亦更加丰富，这便要求基于节约型包装的商标与品牌的设计需要更加具有创意和吸引力，并结合其自身的特点尊许其独有的设计原则，才能够有效地起到节约自然资源、能源、保护环境、降低产品包装生产成本、增加产品销量的目的。在进行节约型包装商标与品牌设计设计的设计时，需要遵循以下 5 点设计原则。

1. 契合产品主题，具有较高可识别性

节约型包装的商标与品牌需要从商品自身的内容和主题出发进行设计（见图 3-110），一个产品的商标和品牌，如果不以其所代表的产品为核心，就失去了存在的价值和意义。对于节约型

图 3-108　节约型包装设计

图 3-109　节约型食品包装设计

图 3-110　节约型蜂蜜包装设计

包装而言，商标和品牌对于产品主题的契合则显得更加重要，节约型包装外观的视觉表现元素较普通包装更加简洁和凝练。因此，在进行其商标和品牌设计时，需要将更多的产品信息加入商标和品牌当中，那么所加入的信息是否符合产品的内容和宣传主题，直接影响了产品的推广和被认可度。可以说，一个产品的商标和品牌设计再美观、再精致，如若和产品自身毫无关系，或关系不大，那么其依然是一个失败的设计品。同时，节约型包装的商标和品牌还需要具备较高的可识别性，在视觉的层面快速的吸引消费者的注意，使消费者理解产品的属性、用途、档次、特点等信息，在产品购买的角度节约消费者的时间和精力。同时，具有较高可识别性的产品商标和品牌设计，一定充分对目标消费者的情感和文化特点进行了研究，能够实现产品自身、产品商标、产品品牌对于消费者的印象留存，使商品真正地实现能够称为深入人心的设计。当使用了节约型包装设计的产品不断地被得到认可和深入人心后，便能够逐渐形成消费者与产品、消费者与资源、消费者与环境的良好可循环式的新关系。

2. 形态简洁，富有创意和时代感

节约型包装的商标与品牌设计还需要符合设计形态简洁，并富有创意和时代感的特点（见图 3-111）。形态的简洁不仅能够从视觉审美的角度使商标和品牌更加富有时代感和审美价值，并且使消费者一目了然，快速获取商品的信息和内容，更重要的是能够充分地减少其印刷带来的资源、能源浪费和油墨使用造成的环境污染。简约的形态还能够带给消费者清新、舒畅的购物和商品使用感受，更容易被消费者记忆。同时，产品的商标和品牌还应是经过创意构思而诞生的设计作品，好的创意不及能够使一个产品从众多的产品中脱颖而出，还能够在消费者购买产品后带给消费者更深层次的产品和企业文化内涵的发掘，不断地带给消费者惊喜。而一个兼具创意和时代感的产品商标和品牌，则更能够获得消费者的青睐。产品商标和品牌的时代感主要表现在两个方面。首先，其表现在形式的展示上，使用简洁的造型进行呈现。同时，其还可以通过视觉元素的内容进行展现，通过使用能够使现代消费者产生共鸣的元素进行归纳和概括性的设计，最终

图 3-111　节约型电熨斗包装设计

形成具有吸引力和时代感的产品商标和品牌设计作品，从而吸引更多的消费者购买使用了节约型包装的产品。

3. 充分简化色彩，使用单色或少色设计

应用于节约型包装的商标和品牌因其节约、节能、环保的属性，要求其在进行设计时，充分减少色彩的使用种类，仅使用单色或少量色彩的设计方式进行呈现（见图 3-112），以减少多色油墨的过量使用所造成的环境污染，从色彩的角度实现包装设计的轻量化。简化后的色彩应同时和产品包装外观的其他色彩相配合和呼应，按照符合色彩表现和设计的基本原理进行设计，带给消费者和谐、统一，同时又富有视觉冲击力的感官享受。当设计的过程中不得不需要通过较多的色彩进行表现时，应尽量使用环保油墨进行印刷，减少其带来的资源和环境负担，以及降低对于消费者健康的影响。同时，包装外观中的商标和品牌的设计还应充分考虑包装所选用的材料材质和材料原本的色彩，进行和谐、统一，而又不失个性的设计，从色彩设计和肌理设计两方面进行结合性设计。

4. 有效传达节约与环保理念

对于节约型包装设计节约自然资源、能源、消费者使用时间，以及设计成本、保护生态环境免遭破坏等理念的发扬和传播，是节约型包装各元素设计的根本目的和出发点。因此在进行商标和品牌设计时，应从文字、图形、色彩三个角度，传达节约与环保理念。若进行以文字或图形文字相结合的设计方式，可从文字的内容以及文字的风格形式出发，向消费者传达一种清新、自然、

图 3-112　节约型包装设计

朴实、健康的消费趋向（见图3-113）；在进行图形形式的商标和品牌设计时，可更多地使用能够使消费者产生节约型消费观相关联想的视觉元素，例如，有机形态元素等。在色彩设计方面，将代表节约、朴实、环保、健康、绿色含义的色彩，或具有相关的形象色的色彩融入商标和品牌设计中，同样能够从色彩的角度传达节约与环保的设计理念和消费观。

图3-113　节约型清洁剂包装设计

5. 遵循商标法的相关规定

最后，无论是节约型包装的商标和品牌设计还是普通包装的商标及品牌设计，都需遵循商标法的相关条款和规定。这便要求设计师具有较强的学习精神和法制观念，杜绝不符合相关法律规定的设计残次品产生。

课后习题

1. 简要叙述节约型包装外观设计的主要内容。
2. 从文字设计的角度提出节约型包装的外观设计方案。
3. 从图形、图像以及绘画插图设计的角度提出节约型包装的外观设计方案。
4. 从色彩的角度提出节约型包装的外观设计方案。
5. 从商标与品牌设计的角度提出节约型包装的外观设计方案。
6. 综合提出三个节约型包装外观设计方案。

第4章

节约型包装的造型与结构设计

节约型包装的造型与结构设计是设计组成要素中的重要内容之一，是节约型包装的骨骼。造型设计是指对其外部的整体形态进行设计，力求通过合理的设计方式，在具有产品包装基本功能的基础上，还同时具备节约资源、能源、保护生态环境、传达节约消费理念，以及美观具有吸引力的特点和功能。节约型包装的结构设计指通过对包装内部和外部的结构进行设计，在形态上除了具备对于承装产品的保护作用外，还同时具有轻量化、简洁化、可循环的特点；在结构上应具有可多次利用、多功能，以及方便使用和回收的特点。

4.1 节约型包装的造型设计

4.1.1 节约型包装造型设计的概念

任何事物，都有其特定的造型，造型是事物的最重要视觉组成元素之一，代表着事物的整体风格、基本印象以及其所传达的精神意向。产品包装也是一样，其造型是在消费者购物过程中，最先进入消费者视线的视觉内容。与产品包装的结构不同的是，其造型往往是外部的形态构成，与整体的包装结构具有关联，需要进行统筹化的设计，但其最重要的目的，还是通过立体构成和空间设计的方式，传达产品的内容信息和销售理念，因此有时产品包装的造型和结构在视觉上具有一定的差异性。

包装的造型设计，顾名思义，就是对包装的整体构造和形态进行设计，在遵循科学性、美观性、实用性、经济性的前提下充分地契合产品自身的内容信息和品牌特征。一款优秀的包装，其造型设计一定具有美观、创意的特点，能够在第一时间向消费者传达产品的销售理念，并且能够迅速地抓住消费者的眼球（见图 4-1、图 4-2）。随着经济的发展、包装设计的不断优化以及生产工艺的不断进步，越来越多的产品具有个性、独特的包装，因此一款产品要想在众多的同类产品中脱颖而出，就必须在产品包装的造型设计上标新立异，并符合广大消费者的口味。但随着消费者消费水平的不断提高，大部分消费者的精神文化层次并不能紧跟飞速提升的物质水平，这便导致近些年来越来越多的过度设计和过度包装的产品广受消费者的青睐，浪费了大量的自然资源、能源以及社会人力资源，并且对生态环境造成了不可估量的损害，可见这是一种十分不健康的消费现状。因此，通过设计的手段在生产和消费链条的源头进行正确消费观的引导，并从设计和生产的角度进行资源、能源浪费的遏制，不失为一种较为有效的方法。而在包装设计过程中，将包装的造型进行节约化设计，则能够快速传达出一种一款商品的节约、健康、绿色的消费理念，减少产品包装整体的生产消耗和成本，降低商品价格，并能够快速从众多的以资源、能源消耗、浪费为生产基础的产品包装中脱颖而出。

对产品的造型进行节约化的设计，是节约型包装设计的重要设计内容之一，是节约型包装设计的最基本步骤。对于一款节约型包装产品而言，造型的设计直接影响了材料的选取、视觉外观的设计以及内外部结构的设计。设计需要解决的问题不仅仅是通过美观和富有创意的视觉效果吸引消费者，还要在保留美观与创意特性的基础上，通过巧妙的设计手段，充分地减少包装在设计和生产的过程中造成的浪费和环境破坏，以及最大限度地减少产品包装的生产成本，降低产品的售价，从而吸引更多的消费者购买采用节约型包装设计方案的产品，逐步形成产品包装生产和销售的良性循环，形成健康的节约型消费文化。

图 4-1　节约型快餐包装再设计 1

图 4-2　节约型快餐包装再设计 2

图 4-3 轻量化的啤酒包装设计

图 4-4 简约化的巧克力包装设计

基于节约设计理念的包装造型设计相比普通产品包装的造型设计，具有轻量化、简约化、个性化、朴实亲和、富有时代感，以及富有节奏感的特征。

轻量化主要体现在设计的基本出发点即为节约各类资源和能源，因此需要进行充分地简化设计，在形态和造型方面，减少不必要的无意义修饰，并且在保证所承装产品质量得到保护的基础上，有效减少体积所占用的空间，如图 4-3 所示。

简约化如图 4-4 所示，主要体现在轻量化设计所形成的简洁、朴实、清新的整体视觉效果。

基于节约设计理念的包装造型设计如图 4-5 所示，往往没有较多的装饰来吸引消费者的注意，因此就必须通过个性化的造型风格来快速地吸引消费者的关注。

同时，简约的造型风格，能为消费者传递自然、朴实、亲和的情感信息，能够使消费者在使用节约型包装的同时形成良好的映象，促使消费者再次进行购买，如图 4-6 所示。

图 4-7 所示的简约包装造型风格，不仅具有朴实和亲和的特征，还十分富有时代感和韵律感，其与节约、环保的革新包装设计理念不谋而合。

图 4-5 个性化的包装设计

图 4-6 朴实亲和的包装设计

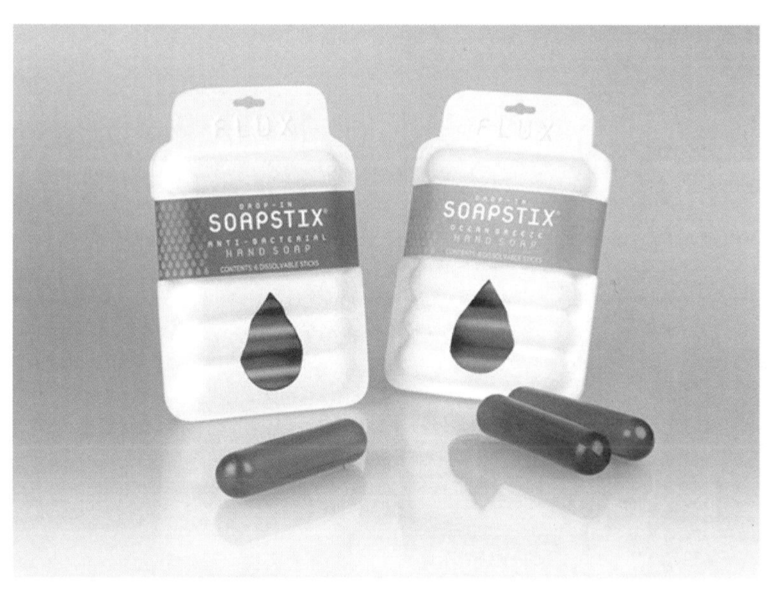

图 4-7　富有时代感的包装设计

4.1.2　节约型包装造型设计的分类

一般而言，节约型包装的造型设计广义上是指节约型包装的整体空间形态设计，但在真正进行实际设计时，包装造型的设计需要从不同的角度，结合不同的设计呈现内容进行分类化、条例化。根据节约型包装的视觉呈现要素，可将节约型包装的造型设计分为立体造型设计、平面造型设计、色彩造型设计以及材质造型设计 4 大类。

1. 立体造型设计

如图 4-8 所示，节约型包装的立体造型设计，是指对节约型包装在三维空间中的长、宽、高属性进行设计，并结合所承装产品的属性，最终形成产品包装的整体外轮廓。此设计方式是建立在包装设计、立体构成、节约型设计理念下的设计方式，三类设计理论的指导缺一不可。对于消费者而言，产品包装的立体造型是最先传达给消费者的产品三维空间语言。因此，为产品包装设计恰当的立体造型，是进行包装造型设计的第一步也是最重要的一步，决定着平面造型设计、色彩造型设计，以及材质造型设计的风格和视觉表现趋向。对于节约型包装设计而言，其立体造型设计需要从减少资源和能源消耗为出发点进行设计，遵循轻量化的设计原则，在保护产品和契合产品内容信息的前提下，最大限度地减小包装的空间占用率，减少包装原材料的使用。

2. 平面造型设计

如图 4-9 所示，节约型包装的造型设计不仅包括空间范围内的立体造型设计，同时还包括平面范围内的造型设计。平面造型设计是指基于产品包装外观设计的基于平面的空间感营造。其设计需要从点、线、面三方面出发，并结合产品包装外观设计元素的信息层级进行设计，通过空间感的营造，实现产品内容信息和销售理念信息层次的清晰化和条理化，从而能够有效地节约消费者的信息阅读和学习产品使用的时间。同时，节

图 4-8　鲜花包装的立体设计

3. 色彩造型设计

色彩在节约型包装设计当中起到着至关重要的作用，是包装的视觉元素中最具情感影响力的元素之一。除了产品包装的立体造型元素外，能够在第一时间吸引消费者注意的，还有产品包装的色彩。消费者可在看到产品包装色彩的几秒之内，决定是否要对一款产品进行更加深入的了解。色彩依附在具体的立体和平面造型上，与其他的包装视觉元素相比，更具有视觉冲击力。因此，通过色彩与立体、平面造型相结合，通过色彩的冷暖对比、色彩三要素之间的对比，进行差异化设计，不仅能够加大或缩小物理空间的视觉感受（见图 4-10），还能够在相同的视觉环境中，营造出大小、轻重、凹凸、远近、前后等空间差异性，可作为立体造型减量化设计造成的过度简化的补足性设计措施。通过色彩的使用和设计营造

图 4-9　通过平面效果营造出空间感的包装瓶设计

约型包装的平面造型设计需要充分地与其立体造型设计相结合，力求相辅相成，巧妙地形成一个富有创意的整体。切记不可将二者分离开来进行独立设计，即使再优秀的立体造型也离不开平面造型设计的辅助。一款优秀的平面造型设计若不能基于恰当的立体造型设计之上，也同样无法展现其设计的精妙之处。需要注意的是，节约型包装的平面造型设计还应以最少的印刷面积为宜，去掉不必要的视觉装饰元素，与简约化的立体造型相结合，减少过度装饰、过度设计造成的资源、能源浪费和油墨使用造成的环境污染。

图 4-10　通过色彩营造出空间感的包装设计

出包装的视觉空间感，丰富视觉信息层次，可以使节约型包装更具视觉冲击力。

4. 材质造型设计

根据心理学理论可得知，消费者在观察产品包装时，最先注意到的是立体造型和色彩造型，随后观察到的是产品包装的材质和肌理，而在消费者对一款产品的包装进行回忆时，最先回忆的却是其使用的材质以及材质所带给消费者的肌理触感，可见包装材料对于消费者的影响也是较为深远的。包装的造型设计离不开包装的材质设计，不同的材质能够为产品包装营造出不同的造型效果（见图 4-11、图 4-12）。一方面，包装材质的物理和化学属性影响和局限着其立体造型的设计和表现，某些包装材质因硬度等原因无法形成预想的视觉效果。而另一方面，包装的材质属性又能为包装的造型提供创作灵感，充分利用某些材质的优势进行设计，能够最大限度地减少资源的浪费。例如，在进行色彩造型设计的过程中，通

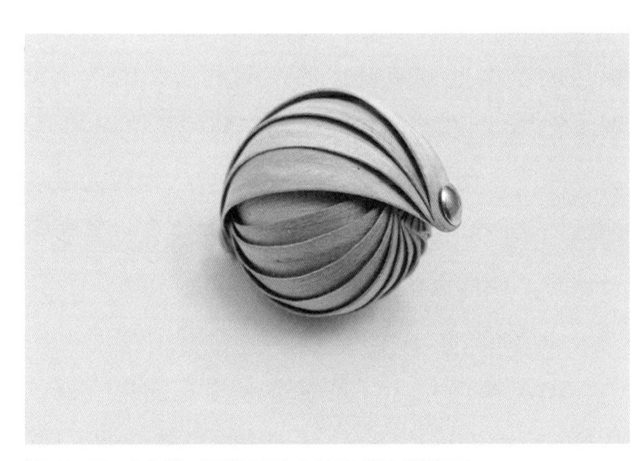
图 4-11　材质与造型相结合的珠宝包装设计 1

图 4-12　材质与造型相结合的珠宝包装设计 2

过利用不同材质本身的色彩进行空间的区分，既达到了预想的视觉设计效果，同时还避免了油墨的使用造成的生态环境破坏，可谓是一举两得的设计方式。

同时，从包装造型空间设计类型的角度出发，又可将节约型包装的造型设计分为实空间造型设计和虚空间造型设计两大类。

1. 实空间造型设计

无论是哪一类包装设计，都具有实空间造型和虚空间造型两种造型属性。实空间造型设计是指以实体的形式呈现造型内容、被其形体所限定的空间，即由包装材料所组成的，以客观形式存在的产品包装部分，是形体占有的实际空间区域（见图 4-13 中包装瓶体部分）。可见，实空间造型对于产品的包装而言，具有最主要的信息传达功能，是产品包装信息传达的主体。同时在视觉美感方面，实空间的造型是否优美、雅致，直接影响和决定着产品包装的整体视觉效果。一般而言，产品包装的实空间造型设计包括包装的实体部分的立体造型设计、平面造型设计、色彩造型设计以及材质造型设计。在对节约型包装的实空间进行设计时，首先需要尽量地减少整体造型所占用的空间范围（见图 4-14），采用轻量化的造型设计方法，这样无论是在生产过程中、运输过程中、销售过程中，还是在消费者的使用过程中，不仅实现了资源和能源的节约使用，还能够充分地节约公共和私人空间；同时，在节约型包装的实空间设计过程中，并不能一味地简化和轻量化包装的空间造型，如若包装的造型脱离了所承装产品的原始信息内容，则产品包装将失去其信息传达功能。在进行实空间设计时，要在遵循简约而不简单的设计原则基础上，在契合产品主题内容的前提下，实现简约性和美观性的设计；最后，对于实空间的设计不能够单一而论，在空间的占用上，不仅要尽量减少和节约实空间的占用率，同时空间的利用率也需要被优化设计，优秀的节约型包装设计的空间利用率较大（见图 4-15），即在产品包装虚实空间的总空间和中，实空间所占用的比例较大，即可被认为较为成功地节约了产品占用的空间。因此在进行产品包装设计时，应最大限度地提升空间的利用率。

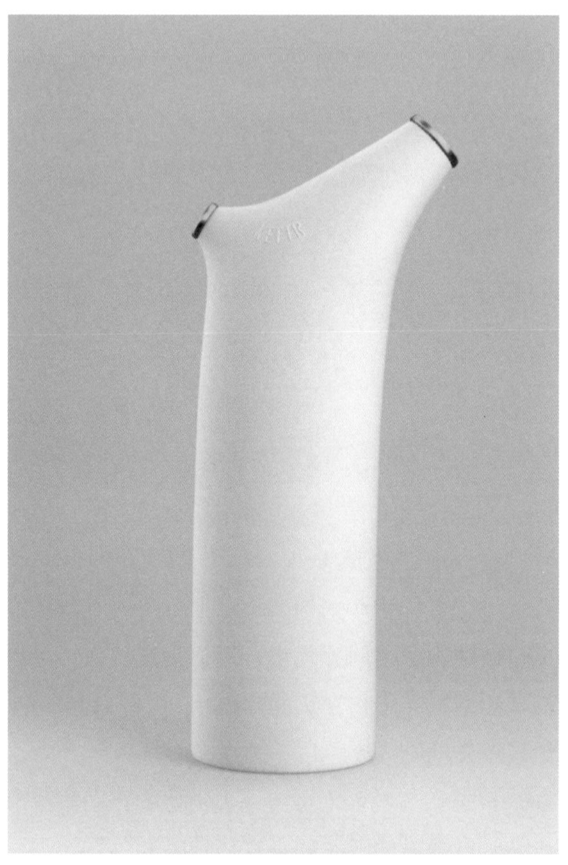

图 4-13　节约型包装的实空间造型设计

2. 虚空间造型设计

如图 4-16 所示，产品包装造型的虚空间，是相对于实空间而言、实体形态之外的空间区域，

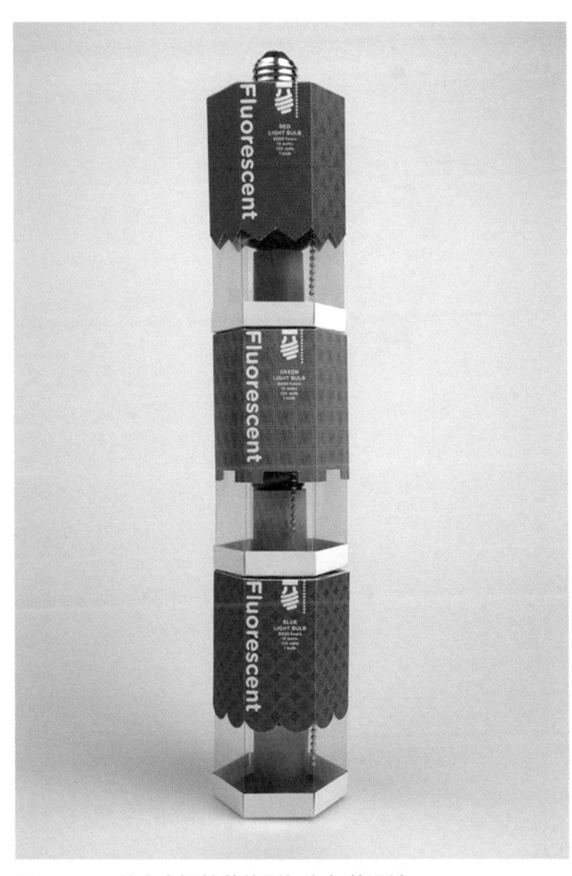

图 4-14　节省空间的节约型灯泡包装设计

图 4-15　充分利用空间的节约型包装设计

图 4-16　鲜花包装设计的正负空间造型

是由形体的外部延展和部件之间的联系所构成的空间范围，是肉眼无法直接捕捉到的空间，亦称心理空间。心理空间不同于实体空间，其造型和形式美感是通过实体空间造型的设计来实现的。如果说实空间是产品包装的“外貌”，那么虚空间就是产品包装的“神态”。因此，一款包装若要想实现真正的美感，就必须实现实空间和虚空间的完美结合。在进行结合性设计的同时，也可充分地利用产品包装的虚空间，通过对虚空间的设计巧妙地传达某些产品的信息内容，补足某些实空间造型过度简化后信息传达不足的缺陷，以达到节约空间、生产原料和生产成本的目的。

4.1.3　节约型包装的造型设计原则

节约型包装的造型设计与普通包装的造型设计相比，更需要遵循节约型包装设计理念。因此，在其设计的过程中，需要遵循如下 4 点设计原则。

1. 包装造型的轻量化设计

节约型包装的造型设计需要遵循轻量化的设计原则，即前面介绍过的“5R”设计原则。同外观设计一样，造型设计的轻量化主要指的是在进行节约型包装设计时尽可能地减少原材料的使用，即在保证包装本身的保护和承装等基础功能的前提下，减少包装材料的使用面积、体量以

图 4-17　轻量化的巧克力包装设计

及数量，从而实现生产、流通、销售、使用、回收过程中自然资源、能源的节约和销售和使用空间的节约，实现对于生态环境的保护（见图 4-17）。

目前，某些商家为了迎合消费者的虚荣和猎奇心理，推出一些过度包装的产品。比如，某些儿童食品包装，为了能够引起儿童消费者的注意，刻意将产品包装设计成复杂又缺乏美感的形态，浪费了大量的包装原材料资源，同时其使用的包装材料既不环保，又不耐用，根本无法实现产品包装的二次利用，在回收时还将浪费大量的资源、能源和人力成本；又如某些礼品包装，为了使消费者在送礼时“有面子”，将礼品包装造型设计得千奇百怪，其包装成本甚至远远超过产品本身，然而这些产品虽然被过度的装饰，却毫无美感，产生巨大浪费。同时，从信息的传达角度而言，更加凝练的造型，能够更准确地传达商品信息，相比具有复杂造型装饰的产品包装，简约化的造型能够使消费者更加快捷地理解产品理念。因此，对于节约型包装的造型进行轻量化设计，是最基本设计原则，也是区分节约型包装和普通包装的重要标准之一。

2. 造型富有创意和亲和力

节约型包装造型的轻量化设计原则，并不意味着对于包装的设计和处理过分简单化。首先，包装的造型需要充分契合产品本身的内容设定和销售理念，对于包装造型的适度简约化设计，能够在信息传达的角度，将产品的内容更加清晰化。这就要求包装设计师在设计的过程中善于为包装“做减法”，简化和归纳产品的整体造型，同时在信息和美感的表现上，删去不必要、不恰当的修饰，以及可有可无的造型变化（见图 4-18）；同时，轻量化的包装造型设计往往减轻了包装造型的视觉冲击力，因此在进行设计时，设计师需要对包装所承装的产品进行深入研究和了解，找准最具有代表性的产品形象或能够间接代表产品形象的视觉元素，并进行不断简化和归纳性设计，通过创意代替过度装饰的方式，增强产品包装的视觉吸引力，赢得消费者的青睐（见图4-19）。简约的包装造型还能带给消费者朴实、自然、纯粹、韵律的情感趋向，这便赋予了包装造型更多的亲和力，拉近了产品、产品包装、消费者以及自然环境之间的关系，能够净化人们的心灵，带给消费者更加愉悦的消费感受和使用体验。

3. 人性化、易操作的造型设计方式

节约型包装的造型设计，不仅需要通过轻量化的方式节约自然资源和能源，还应从使用和操作的角度，节约消费者的学习使用、操作和回收的时间。从消费者的角度出发的包装设计造型是人性化的设计方式，而这种人性化主要体现在产品包装的易操作性方面。包装设计师需要针对产品包装的潜在使用者进行深入的研究和需求挖掘，其中包括使用者的文化背景、教育背景、社会阶层、工作背景、生活环境等方面，而产品包装的主要使用者除了产品的消费者，还应考虑到产品的销售人员、运输人员以及产品包装的回收人员等。节约型包装造型的人性化和易操作性主要体现在使用过程中产品包装的造型，通过形态能够唤起使用者对于产品包装使用方式的记忆。或通过一定的形态、手感等符合人类五感的方式，形成易于理解的包装造型语言，暗示使用者进行正确的使用操作，从而有效节约使用者的时间。包装造型的人性化设计，可通过两种方式实现。首先，可利用消费者习以为常的造型方式进行借鉴设计。例如，人们经常使用到的拧、拉、推、撕、剪等开启方式，在包装造型中暗示消费者进行此类操作，能够更快地使消费者理解包装的使用方式；同时，还可以通过对消费者进行行为和心理模式的研究，以消费者心理、行为机制理论为基础，进行造型设计，促使消费者产生操作回应。

4. 优美雅致、可重复利用的造型设计方式

对于一款节约型包装，其对于节约理念的体现可以从直接节约和间接节约的双重角度出发。直接的包装造型节约化设计是指前面所提到的通过轻量化设计的方式，减少生产、销售，以及使用过程中所需要消耗的资源及能源；而间接节约型包装造型设计是指为产品包装赋予优美、雅致、

图 4-18　高度简洁的包装设计

图 4-19　富有创意的节约型袜子包装设计

清新、质朴、亲和的造型视觉效果，引导消费者对使用后的产品包装进行留存，并直接或在通过简单的改造之后对其进行循环利用，充分延长产品包装的使用寿命，为包装赋予新的生命。

4.1.4 节约型包装造型设计案例赏析

1. Socks in Fox 短袜包装设计

图 4-20 所示的是由设计师泰雷扎 • 霍卡（Tereza Horká）设计的一款富有创意的节约型短袜包装。该包装整体造型简约概括，通过包装造型与产品形态相结合的方式，进行了拟物化的包装造型设计，将包装造型设计为归纳后的小狐狸形态，向消费者传达出可爱俏皮的审美趣味，富有想象力和亲和力。消费者在取出包装所承装的短袜商品后，可沿着包装上印刷的裁剪线将包装外观印刷的销售条形码和商品名称区域剪下，剩余的图形部分则为一个可爱的狐狸脸造型，可作为儿童的玩具，实现产品包装的循环利用。同时，包装的造型进行了充分的轻量化设计，将纸质包装设计为以圆钝角为主要的形态，充分地利用材料和空间，减少了包装材料资源的浪费，降低了包装生产的成本。高度概括的狐狸造型和色彩还减少了油墨的使用量，减少了油墨的使用对环境造成的破坏和污染。在造型的美观方面，创意的造型设计能够在第一时间吸引消费者，虽然该包装仅使用了一张简单的环保卡纸，却起到了快速激发消费者购买欲的作用。在材料的使用上，该短袜包装同样进行了轻量化的设计，仅通过环保卡纸、一小节松紧带，以及两个钢珠进行固定和捆绑，不失为一种十分节约和环保的包装设计方式。

2. Light Bulb Package 灯泡包装设计

图 4-21 所示的是由设计师德米特罗 • 曼久克（Dmytro Mandzyuk）设计的一款灯泡包装产品。灯具是必不可少的日常用品之一。灯，除了为消费者提供照明外，还往往具有灵感、启发、智慧等观念意向，这便要求对于灯具或是灯具配件的包装设计应更具创意和个性化，这样才能够更加契合灯具的自身意义和主题。Light Bulb Package 灯泡包装就是如此，巧妙地将产品包装的造型设计为可循环利用的形式。当消费者从包装内取出灯泡后，可将灯泡的包装通过折叠的方式改装为

图 4-20　Socks in Fox 短袜包装设计

灯罩继续使用，该包装的造型简洁现代，又富有韵律和节奏美感，能够引导消费者留存而不是直接丢弃包装，节省了消费者另行购买灯罩的时间和精力，同时更节约了灯罩生产和设计过程中所浪费的资源、能源和人力。同时，产品包装通过纯白色进行呈现，与产品白色灯泡的光源色彩形成呼应，具有朴实、宁静、未来、科技、洁净的视觉感受，配合包装极富现代感的造型特色，通过造型折叠层次丰富了原本无印刷装饰内容的包装外观，不仅带给消费者视觉的享受、心灵的慰藉，还避免了多色印刷造成资源浪费和环境污染。在材料的使用方面，该产品包装采用了环保纸板进行设计，在回收时可被自然降解，不会对环境造成污染和带来负担。

图 4-21　Light Bulb Package 灯泡包装设计

3. Drink Water-Play with a Bottle 矿泉水包装设计

图 4-22 所示的是由设计师薇罗妮卡·佳妮珂娃（Veronika Janecková）设计的一款多功能矿泉水产品包装。这款矿泉水产品旨在供应最纯净的饮用水，传达环保、健康、洁净、绿色的生活理念。为了契合该产品的销售理念，其包装设计整体采用了节约化的设计方式。在整体造型方面，该产品包装以简约的水壶造型呈现，其顶部设计有一个圆球作为包装的壶盖，并通过纤维布条进行固定，包装造型简洁时尚，同时又能传达出动感。同时，该包装的最精妙之处在于其多功能化的造型设计。矿泉水的包装在水被饮用完之后，可从中间将包装分为两半，可作为球拍，而球形的壶盖可作为球，从而通过对造型的简单改造，就可以将使用后的产品包装改造成可以进行简单游戏的乒乓球玩具，实现产品包装的二次利用。在该产品的外观设计方面，主要通过抽象图形、简洁的文字，以及少量的色彩进行视觉呈现。律动的蓝色线条不仅传达出包装内容物的液体属性，还能够为原本过分简化的包装外观带来节奏感。包装中仅保留了产品的名称以及容量两种必要的有效信息，不会造成信息的混款。在色彩的使用方面，该产品包装仅使用了白色以及蓝色作为小面积的色彩，大部分主要通过包装材料的原色进行呈现，不仅减少了油墨的使用造成的负面影响，还传达出纯净的产品特征和节约、健康的产品理念。最后，该产品的材料主要由可降解的环保回收纸质材料制作而成，具有环保可降解的特点，其在生产、使用和回收中能够节约大量的自然资源和能源。

4. Flower To Go 绿植包装设计

图 4-23 所示的是由设计师金德里斯卡·约妮索娃（Jindriška Jonešová）设计的一款多功能绿植产品包装。绿植是消费者常购买的家居用品，但不方便消费者运输携带，常遇到绿植在运输途中被折断或被迫改变了原有造型的情况。Flower To Go 绿植包装成功地解决了这个问题。其包装

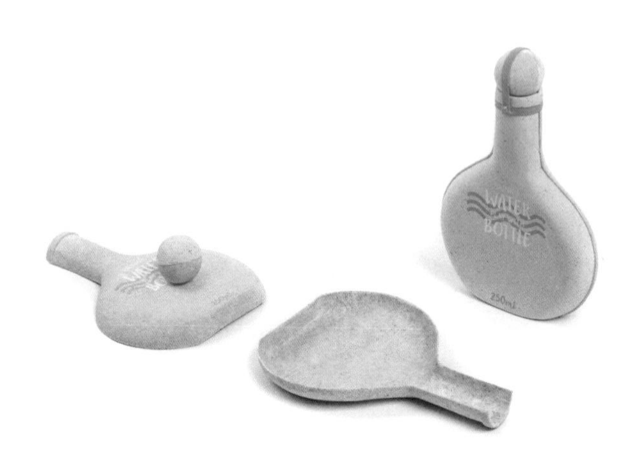

图 4-22　Drink Water-Play with a Bottle 矿泉水包装设计

的整体造型为一张完整的环保纸质材料，通过剪裁和折叠的方式，形成下部为棱锥的形态，能够安全、牢固地保证绿植在运送过程中不受影响；而上部为提手的形态，便于消费者手提；产品侧部能够被包装很好地保护，在运输的过程中植物的枝叶不会被破坏。在使用后，包装被稍微剪裁和改造一下，就可以变为一款美观时尚的植物悬挂装置，消费者可将所购绿植放入包装的棱锥托架中，可将包装固定在墙面上。该包装的造型不仅具有双重的使用功能，还具有较高的视觉美感。在外观设计方面，该包装通过图形和简单的文字进行呈现，图形从植物枝叶的有机形态抽象、归纳设计而来，带给消费者充满生命力和清新的使用体验。在色彩的设计方面，该包装仅使用了一种接近于淡化后的赭石色，用来代表泥土的色彩，传达出淡雅、恬静的生活态度和产品销售理念。

图 4-23　Flower To Go 绿植包装设计

5. BEEloved 蜂蜜包装设计

图 4-24、图 4-25 和图 4-26 所示的是由设计师塔玛拉·米哈洛维克（Tamara Mihajlović）设计的一款蜂蜜产品包装。BEEloved 品牌蜂蜜产品旨在推出具有时尚和个性气息，并传达健康、节约、环保的饮食和生活理念，目标消费者为广大的年轻消费者，因此其包装的造型设计往往十分具有个性。该包装的整体造型呈现出不规则的石块或是抽象化的蜂巢形态，其与产品的标志设计风格相呼应，并在视觉上极具吸引力，能够在

图 4-24　BEEloved 蜂蜜包装设计 1

第一时间进入年轻消费者的视野，并诱导其进行购买。同时，个性而富有创意的造型，使其不仅能够称为一款产品包装，还能够让消费者在食用完蜂蜜之后继续留存，作为储藏罐或笔筒来使用，从而实现了产品包装的循环利用，不仅节约了自然资源，同时还避免了该包装在进行回收时造成的资源、能源以及人力的浪费。该包装在材料的使用上以玻璃和铝为主，印刷的面积仅限于瓶盖附有的小标签，造成的油墨环境污染微乎其微。

图 4-25　BEEloved 蜂蜜包装设计 2

图 4-26　BEEloved 蜂蜜包装设计 3

4.2 节约型包装的结构设计

4.2.1 节约型包装结构设计的概念

节约型包装的结构设计，就是对包装设计产品的各个有形部分之间相互联系、相互作用的技术方式，结合节约型包装设计理念进行设计。这些方式不仅包括包装体各部分之间的关系，如包装瓶体与封闭物的啮合关系，包装零件的配合关系等，还包括包装与产品之间的相互作用关系；内包装与外包装的配合、嵌套关系，以及产品包装系统与外部环境之间的关系。

节约型包装的结构设计，应在保护产品不受损坏的前提下，充分地减少生产包装结构所消耗的资源和能源；在包装失去包装功能后通过改造或改装实现包装的循环利用；能够在回收和销毁的过程中降低对自然环境的损害；并且能够对消费者的消费观和消费习惯产生更加深远的影响。一款产品包装若仅仅具有美观的视觉呈现和整体造型，只能在短时间内吸引消费者的注意，引导其进行购买，而一款产品包装具有巧妙、便捷、节约、环保的结构，才能够真正地被消费者所接受，并形成长期的购买和使用习惯（见图 4-27）。

因此，包装是否能够长期被消费者所接受、对社会经济发展进程的推进产生积极的影响，很大程度上取决于产品包装的结构设计。对于节约型包装而言，结构的设计是否精妙更为重要，其在产品包装的使用和回收的角度直接影响着包装所起到的节约效果。

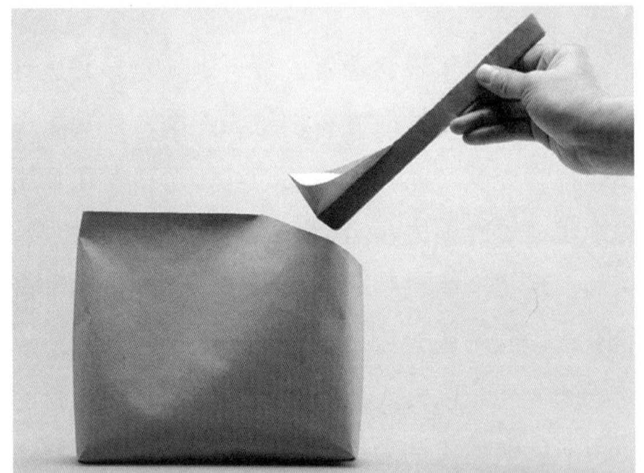

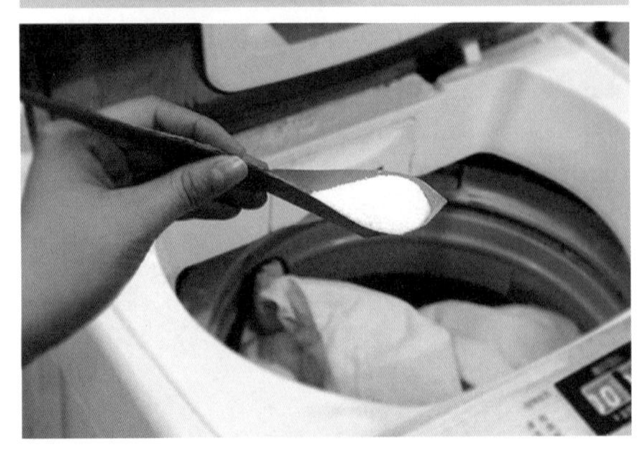

图 4-27　具有多功能结构的洗衣粉包装设计

4.2.2 节约型包装结构设计的分类

对于不同的产品类型、属性和特征，需要匹配不同种类的节约型包装结构，从节约型包装结构设计的目的和功能进行分类，可分为轻量型结构设计、多功能型结构设计、回收便利型结构设计、标准型结构设计、散乱防止型结构设计。当然，优秀的包装设计往往涵盖着多种结构类型特征，为了便于学习，下面对不同的类型进行介绍。

1. 轻量型结构设计

如图 4-28 所示，轻量型结构设计是指以轻量化设计理念为核心，通过巧妙设计，一方面将用于包装结构塑造和生产所需要的原材料以及生产其原材料耗费的资源和能源消耗降至最低，减少生产、使用、回收过程中造成的资源、能源的浪费以及环境污染；另一方面充分地简化产品包装结构的视觉形态和功能形态，避免不必要的装饰性结构元素和冗余的、非功能性的结构元素，在不影响其基本功能的前提下尽可能地减小结构体积，通过较少的生产消耗和成本，实现功能和利益的最大化。对产品包装的结构进行轻量化设计，能够从根本上遏制浪费的发生，从功能的角度来说，减去了不必要的结构，使包装变得更加易懂，使用方式更加清晰，消费者能够更便捷地使用产品包装；同时，从视觉的角度而言，简洁的结构设计更具时代感和美感，能够为消费者带来功能便利的同时还带来视觉享受。

一般而言，轻量型的包装结构设计理念应被应用于所有的包装设计当中，从节约的角度来说，其更适用于那些产品生产成本较低、产品销售空间密集化，以及产品包装使用了一次性材料，或是循环利用率较低的产品包装。或者说，在此类型的产品或产品包装中，轻量型的结构设计能够起到最有效的作用。这些产品往往售价较低，一般属于中低档产品，消费者在对其使用完毕之后，往往会将产品和包装全部丢弃，

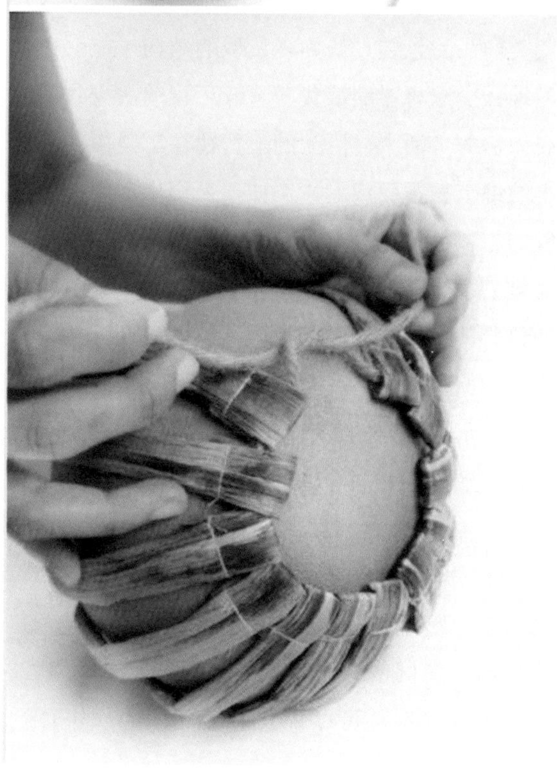

图 4-28　轻量型水果包装设计

图 4-29　节约型啤酒包装设计

产生大量的垃圾、造成严重的污染。因此，对此类商品的包装设计为轻量型的结构，能够大幅度地减少原材料的浪费和降低环境的污染程度。在人们的生活中，巨大的浪费往往都是由一些微小的细节积蓄而成的。例如，人们生活中一日三餐的原料包装以及饮品包装，都是日常生活中容易被忽略的严重浪费因素。如图 4-29 所示的啤酒包装就成功地通过轻量型结构的设计方式，以最少的原材料——一张卡纸，通过剪裁和折叠的方式，形成牢固的包装结构，能够方便消费者较为轻松的提起 6 瓶啤酒，较目前市面上大部分以纸箱为主的啤酒包装，节省了大量的生产原料，节约了原料资源，为消费者带来了使用功能和价位的双重便利。同时，它使用了环保卡纸作为包装材料，在回收和废弃时，可通过自然降解的方式进行处理，可以说其对于环境的伤害微乎其微。

2. 多功能型结构设计

多功能型的结构设计（见图 4-30、图 4-31 和图 4-32）是指，通过对包装的结构和使用方式进行设计，能够使其在原有包装功能的基础上，具有其他的多重功能，或能够通过改造、组装、折叠等方式，形成全新的功能，这些功能可以是对产品功能的补足、延伸，或是利用其结构特征具有的与产品本身无关的其他全新功能。这样能够使消费者在将产品取出或包装失去其基本承装、保护功能后，获得二次生命，实现包装的循环利用，能够有效地减少资源的浪费，以及包装被随意丢弃所造成的环境污染。多功能型的结构设计具有使用寿命长、再利用价值高，以及视觉效果美观等特点。

因此，该种类型的包装结构设计更适用于那些承装需要长期留存或使用的产品、产品自身需要辅助工具才能够使用的产品以及文化、审美价

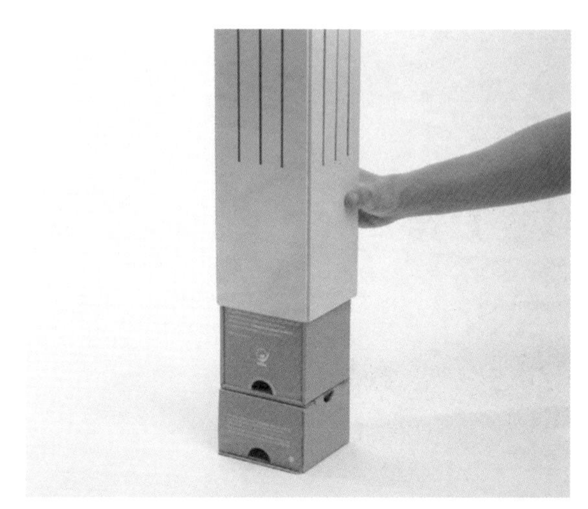

图 4-30　多功能酒包装设计 1

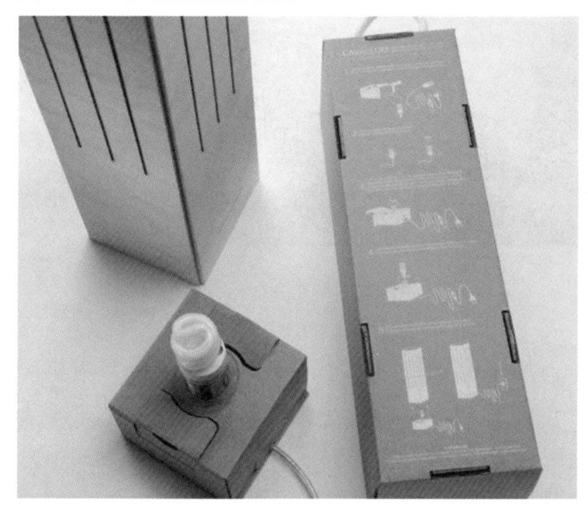

图 4-31　多功能酒包装设计 2

图 4-32　多功能酒包装设计 3

值较高，其包装特征需要与产品属性相统一的产品。这类型的产品包装往往需要选用较为结实耐用的优质材料作为包装原料，才能够满足消费者长期使用、辅助产品使用，以及装饰性效果的需求，并且能够具有较好的视觉和触感体验，带给消费者较为实用、精致、巧妙的整体感受。

图 4-33、图 4-34 所示的是一款多功能意大利面包装。这款包装在结构设计方面即巧妙地使用了多功能化的结构设计方式。它的主体部分为意大利面的存放区域，其两端的空间得到了充分地利用，能够盛放制作意面所需要的原料，作为原料瓶而存在。擀面杖形式的设计，能够使消费者在产品食用完毕之后，对产品包装进行留存，将其作为擀面杖使用，从而实现产品包装的循环利用。

3. 回收便利型结构设计

包装结构的节约设计理念，不仅体现在其生产和使用过程当中，在其回收的过程中造成的资源浪费和环境污染往往容易被人们忽视。因此，从回收的便利角度为出发点进行包装结构的设计，不失为一种较好的设计角度。回收便利型的结构设计是指通过对包装进行可拆卸、可折叠、可堆叠、可压缩、可卷曲等结构设计方式，使大型的包装易于被集中和分拣，方便废弃包装垃圾被送往循环处理，从而节约包装回收过程中耗费的自然资源和能源以及垃圾回收工人以及大机器拆解废弃包装所造成的人力、物力的浪费。回收便利型的包装结构设计具有易抛弃、易分解、易回收的特点。首先，其可拆解以及可折叠等特点能够方便其通过各种空间，便于运输，更加易于丢弃；而易抛弃的特点又要求其必须具有易于分解的特点，否则将会为环境带来负面的影响；同

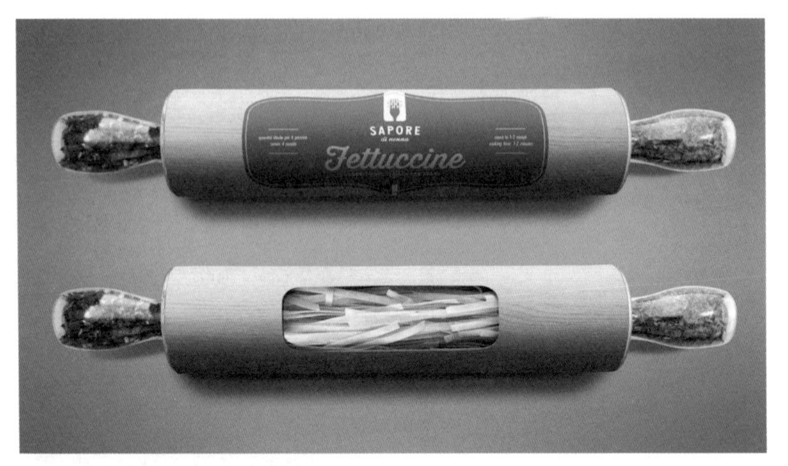

图 4-33　多功能意大利面包装设计 1

图 4-34　多功能意大利面包装设计 2

时，那些需要进行化学分解或不便于短时间内分解的包装又能够通过便捷和快速的拆卸方式进行回收集中处理。

回收便利型的包装结构设计更多地适用于较大的产品包装，例如某些交通工具、家具产品、家电产品、家庭厨卫产品的包装等。一般而言，大部分的纸盒包装都较为容易拆解，然而某些大型的纸箱，例如瓦楞纸、蜂窝结构纸箱等在拆卸和分解时则显得尤为困难。因此，要想使产品包装易于回收和处理，就必须从结构的设计角度进行革新设计。

图 4-35 所示的是一款有机食品运输包装。设计师在对市面上的有机食品包装进行调研之后，发现同类产品的包装在产品运输的过程中非常占用空间。同时，在产品食用完毕后，很难进行集中有效的回收和处理。近些年来，市场中大量充斥的塑料包装，更对生态环境造成了严重的污染。因此在设计此包装时，设计师使用了可插叠、可堆扣的环保纸浆材料纸盒形式进行设计，不仅能使产品包装在回收时节省更多的运输空间，节约运输成本，同时其材料还能被自然降解，减少环境破坏。

4. 标准型结构设计

所谓的标准型结构，指的是在包装结构的设计当中，将其尺寸的设计最大限度地统一化、标准化以及精确化。通过标准型的结构设计方法，能够使包装结构的尺寸更加精确，最大程度地减小包装的体积，节省生产所需的材料，提高材料

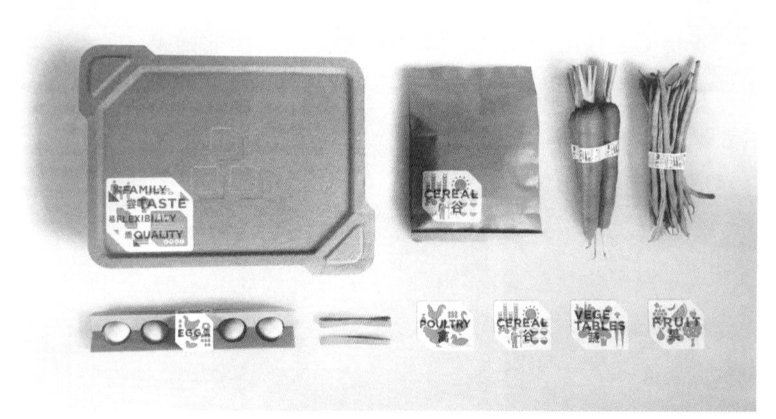

图 4-35 有机食品运输包装设计

资源的利用效率；同时，对尺寸进行标准化的设计，更能实现包装的多次利用，使回收的产品包装不必再次经过改造或其他的工艺程序，而是仅通过消毒、清洗等方式，就能够快速地被用作产品包装被再次利用，这样不仅能够有效地减少资源的浪费、生产时间的浪费，还能将生产成本降至最低。包装的标准型结构设计具有易生产、易运输、易回收、易循环利用的特点。首先，其尺寸具有标准型，生产制模只需一次，节约了多次制模的时间以及需要耗费的自然和人力资源；在进行运输时，固定的尺寸不需要与其相配合的多种运输承载容器，也在一定程度上减少了资源的消耗。同时，统一、精确、标准的结构尺寸还能在回收或循环利用时节省不必要的多种回收容器生产以及包装的再次生产。

与多功能型结构不同的是，标准型包装结构主要适用于那些需要具有循环使用的包装。例如，人们日常生活中经常见到的牛奶包装、汽水包装等，这些产品的容器都需要在使用完毕之后进行回收和再利用，因此需要采用标准型的结构设计方式（见图 4-36）。

5. 散乱防止型结构设计

人们出游时，常会发现景点中散落各类易拉罐开口零件、啤酒瓶盖、瓜子皮等污染物。人们往往认为，造成污染的源头是随意丢弃垃圾的人。诚然，没有环境保护意识的消费者应该受到社会的谴责和教育，但这现象的根本应是来源于产品包装自身的功能缺失，需要对产品包装结构改良，

图 4-36 标准型牛奶包装设计

实现对环境的保护，减少此类环境问题治理所耗费的公共资源。散乱防止型包装结构设计，就能够很好地解决上述问题，旨在通过合理、科学的设计方法，通过结构调整或增补结构元素的方式，将本应被丢弃或容易遗漏的部分固定在包装上，或通过引导的方式，使消费者自觉将废弃物进行保管和回收处理。散乱防止型包装结构，具有低污染、易回收、易使用的特点，不仅有利于政府进行环境治理和包装回收利用，还使得消费者对产品的使用更加的便利和快捷。当消费者长时间使用具有散乱防止型结构的包装后，可逐渐形成良好的包装回收和环境保护习惯。

散乱防止型的包装结构更多地适用于那些容易产生废弃零件垃圾以及容易造成零件散落的产品。该种结构在饮料包装的生产领域已得到广泛的应用。例如，可口可乐饮料包装的易拉罐拉环，在旧版的包装罐设计中，其拉环一旦被拉开，就会脱离饮料罐本身，而容易被消费者随意的丢弃；新版的易拉罐设计，则完美解决了这一问题，通过散乱防止型的开口拉环结构设计，使拉环不会完全脱离罐体，并且不会对消费者饮用饮料的舒适度产生影响（见图 4-37），但却避免了拉环的随意丢弃，降低了包装罐回收的难度。

图 4-37　改进后的散乱防止型易拉罐饮料包装设计

4.2.3　节约型包装结构设计的一般流程

节约型包装的结构设计是节约型包装设计中最重要的环节之一。同其他设计门类一样，节约型包装的结构设计是从科学、可持续的角度出发，结合各种相关因素进行设计的。因此，其需要遵循一定的设计流程，才能够成功地设计出符合节约型包装设计理念、能够契合产品内容，并且能够充分地与产品的外观以及包装材料相符合的包装结构。在进行节约型包装的结构设计时，需要考虑各个方面的因素和各类矛盾，衡量不同矛盾之间的轻重关系，其中包括技术因素、成本因素、环境因素、资源因素、人力因素、消费者因素、国家政策，以及政府干预因素等。因此，在进行节约型包装的结构设计时，需要结合不同的影响因素进行设计。根据节约型包装结构设计对于自然资源、能源等的节约以及对于环境的保护的特殊要求，其设计流程较普通包装结构设计流程具有某些特殊性。如图 4-38 所示，其流程主要包括 5 个阶段，分别是：①节约型包装结构呈现条件的调研与分析；②节约型包装结构设计方案拟定阶段；③节约型包装型结构深化与细节设计；④节约型包装结构的节约效果与质量评定；⑤节约型包装结构的改进与完善设计。

1. 节约型包装结构呈现条件的调研与分析

在进行任何门类的设计时，第一步往往并不是直接开始实施设计过程，而是针对所要设计的内容相关的因素进行充分的调查、了解和研究。在设计节约型包装的结构时也一样，需要首先对其呈现条件的相关环节和制约因素进行调研与分析。调研与分析是建立在一定的逻辑顺序上的，应按照包装结构的相关内容进行细化。

首先，需要明确包装结构设计的要求，对调研与分析的内容、流程以及需要的结果进行拟定，并准备调研过程中必备的相关资料，以便调研和分析活动的实施。

第二，也是调研和分析过程中最重要的一步，即对其所承装产品的属性、类型、物态、生物特生、化学特性，以及相关的制约条件进行深入的研究。对于产品自身的保护和承装功能是包装结构最基本的功能，因此包装结构的出发点，一定是为产品服务，而不是一味地追求包装的风格和视觉效果。对于节约型包装结构的设计而言，其对于产品的研究还应包括产品的最低保护标准，即在怎样的条件下能以最简化的包装结构保证产品的质量不受到影响。

第三，还需要对产品包装设计的相关条件以及制约因素，包括自然资源、能源、环境条件，以便于在包装结构设计中充分地运用现有的条件，节约短缺资源和能源，结合具体的环境因素尽量减少在生产中造成的环境污染。同时，还应对相关的技术条件、流通条件、市场条件以及国家政策和政府因素进行调查和研究，以便通过节约化的包装结构设计的方式，降低产品包装的生产成本，生产出符合国标准的包装产品。

第四，需要对包装的选材、容器的类型进行考察。通常来说，用于节约型包装的材料往往需要一定的环保加工工艺处理过程，并且不同的材质能够实现的结构形态大不相同，因此需要结合现有的材料和工艺条件，筛选可选材料，以达到资源的最大利用率和最优化的配置。

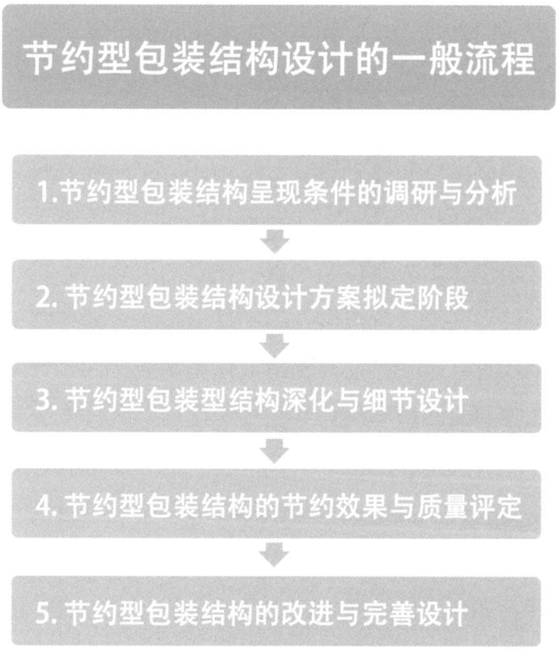

节约型包装结构设计的一般流程

1.节约型包装结构呈现条件的调研与分析

↓

2. 节约型包装结构设计方案拟定阶段

↓

3. 节约型包装型结构深化与细节设计

↓

4. 节约型包装结构的节约效果与质量评定

↓

5. 节约型包装结构的改进与完善设计

图 4-38　节约型包装结构设计的一般流程

最后，需要对潜在消费群体进行访谈和问卷调查，得出目标消费者的需求和使用目的，根据需求和目的进行包装的结构设计。

2. 节约型包装结构设计的方案拟定阶段

在对包装结构相关的因素和制约条件进行深入的调查和研究之后，就可以逐步地展开细致的设计活动了。包装结构的设计，首先需要基本拟定出具体的结构参数，其中包括所承装的产品的计量值数，以及产品包装所允许的质量偏差等。节约型包装以轻量化的结构设计为优，这就使得产品包装和产品之间的结构关系更加的紧密，对包装结构精度的要求也更高，一个细小的偏差都可能导致产品与包装的不匹配。同时，在此设计步骤还应拟定出具体的包装造型，因为产品包装的造型与结构是密切相关的，造型影响和制约着结构的分布和结构的功能设计。而结构形态和功能又同时决定着造型的形式和空间利用率。因此，在这一步，设计师需要做的，是在以产品自身理念和内容信息为核心的前提下，寻求包装造型和结构的最佳契合点，只有这样才能在实现结构最优化设计的同时，还能够有效地减少因不合理的结构设计造成的资源浪费；在节约型包装结构设计的方案拟订阶段中，不应仅拟订出一套完整的结构设计方案后即开始细致化和深入化的设计。在设计的过程中，只有经过对比的方案才能够真正地被采纳和实施。因此，设计师需要通过考量相关因素，拟定出多套结构设计方案供最终的对比和选择，通过对于前期的技术条件、自然条件、社会条件、经济条件，以及消费者需求等相关因素的研究，选择最能达到包装目的和消费者使用需求的包装结构设计方案。

3. 节约型包装型结构的深化与细节设计

在经过初步的包装结构方案的拟订过程后，以最优的结构设计方案为蓝图，进行细致的结构构建和细节设计。对于方案的细致化，并不是一味地为结构添加细节设计。较为明智的设计方式，是首先将需要注入的结构细节进行分类化罗列，类似于头脑风暴的设计过程。然后根据罗列出的细节内容，结合产品自身内容、包装的外观设计、造型设计、包装材料，以及消费者需求、喜好和相关的技术、市场、社会、行政等因素做减法设计，删去那些无用的，或者说是意义不大、容易对主要功能形成干扰的设计细节，而保留那些对整体产品理念表达、具有包装结构核心功能、能最大限度地节约资源和能源消耗并能在一定程度上吸引潜在消费人群的细节内容。这些结构的细节设计内容除了具体的结构参数数值之外，一般还包括强度、硬度，以及结构稳定性的计算，并且需要根据选定的具体包装材料和拟定的具体生产技术和工艺处理要求，绘制全套的实体或电子图纸，撰写编制说明书和技术报告文件。需要注意的是，结构细节设计的方案仅仅依靠设计师的图形语言进行表现是远远不够的，需要以包装生产厂家的相关人员的理解力和知识逻辑体系为准。因此，设计师在进行图纸的绘制时，需要掌握一定的理工绘图技巧以及人体工学等知识，才能绘制出标准的能够用于大规模生产的包装结构图纸，为产品包装结构的模型预生产提供设计和技术前提。

4. 节约型包装结构的节约效果与质量评定

在完成了全部的包装结构图纸设计后，需要对包装的基本结构进行素模型的预生产，以实施对于包装结构的结构基本功能、节约效果以及质量的评定。主要的评定标准包括以下 9 个方面。

第一，包装的结构设计首先需要符合相关的法定标准的相关规定，并且能够对所承装的产品实现基本的、标准化的保护和承载功能，是否能够符合产品自身的结构属性。

第二，包装结构的体积和整体形态应易于运输、操作、装卸以及搬运。

第三，用于生产包装结构所耗费的资源和能耗是否减至了最低，其使用和回收是否会对生态环境造成负担，是否符合国家关于资源节约和环境保护的相关规定。

第四，用于食品、药品、饮品等食用品的产品包装结构的安全性和保质、保鲜功能是否能够通过包装的结构的设计进行实现，是否符合国家关于食品和药品包装结构的具体规定要求。

第五，用于危险品的包装结构是否能够很好地保证产品的安全性。

第六，内外结构之间、产品包装结构和运输包装结构之间是否能够相适应并且得到空间利用率的最大化。

第七，包装的结构是否适合工厂的生产，是否易于通过自动化的方式快速实现生产。

第八，包装的结构设计是否具有可折叠、可拆卸、可堆叠的特点，是否利于回收和再利用。

第九，包装的结构是否具有一定的观赏性和视觉美感，是否具有引导消费者对其进行留存和再利用的价值，是否能够起到传达节约消费观的作用。

5. 节约型包装结构的改进与完善设计

根据上一步骤中样品实验的评定结果，针对其暴露出的问题，对包装结构的设计方案和图纸进行深入的修改和完善，从而确保包装结构的各类功能实现和质量保证。

4.2.4 节约型包装结构的设计原则

节约型包装结构的设计是以集约型包装设计理念为核心的设计过程，需要结合节约化的设计需求和包装外观、造型、材料等其他设计元素进行设计，并遵循一定的设计原则完成设计。节约型包装结构的设计原则较普通的包装结构设计相比具有共性，但同时也具有一些普通包装结构设计所不具有的特点。总体来说，节约型包装的结构设计原则包括 5 点：①科学性；②轻量性；③富功能性；④美观性；⑤环保性。

1. 科学性

首先，节约型包装结构的设计需要遵循科学性的设计原则（见图 4-39、图 4-40）。其科学性主要体现在结构设计方法的科学性、结构功能的科学性、结构生产的科学性以及结构回收和再利用方式的科学性。包装结构设计方法的科学性是指遵照科学化的结构设计流程进行设计，杜绝设计师的主观化设计，以产品自身以及消费者为核心进行设计。

结构功能的科学性是指结构的设计要严格与产品自身的形态、属性、特点相契合，包装结构的功能在以实现承装和保护产品功能基础上，直接或间接地附加方便产品使用或辅助产品使用的多种功能。但需要注意的是，辅助功能的增加一定是与产品自身的特性紧密结合的，而不是为了增加功能而增加，这样不仅会造成消费者在使用产品包装时造成理解障碍，还会造成不必要的资

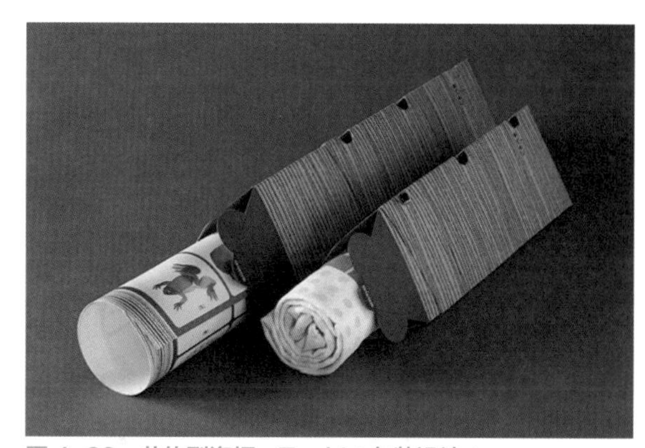

图 4-39　节约型海报、T-shirt 包装设计 1

图 4-40　节约型海报、T-shirt 包装设计 2

源、能源浪费。

结构生产的科学性，是指在进行包装结构的生产时，使用标准化、低能耗、低污染的生产方式。

结构回收和再利用方式的科学性，则是通过结构的合理设计，使产品包装在使用完毕之后，能够被快速、便捷、合理地进行回收或再利用，即便进行废弃或降解处理，也不会造成资源的二次浪费和环境的污染问题。

2. 轻量性

节约型包装结构的设计同其他设计元素一样，也需要遵循轻量化的设计原则。轻量化是一款包装在对于资源、能源节约程度上的直接体现，直接决定着包装的属性。包装结构的轻量性集中体现在包装材料的使用所占用的体积空间、包装内部结构的空间利用率，以及包装结构部件的简约程度上（见图 4-41）。

包装结构所占用的整体空间不能够仅以整体体积的大小作为衡量标准，而是需要同产品相结合进行分析。在产品的大小一定，并且包装在具备基本功能的前提下，使用了更少的包装材料，且占用了更少空间的包装结构轻量化程度越高；反之则越低。

在包装内部结构的空间利用率方面，应充分的在最小的内部空间，通过合理的结构安排，使包装的使用更加便利，功能更加合理化。

包装内部结构的简约程度，是指在内部结构空间的利用率最大化的基础上，对结构部件的设计尽可能地简化，并仍能够有效地实现和保证结构的功能完整程度，从而减少材料资源的浪费以及工艺加工所造成的能源浪费和环境污染。

3. 富功能性

节约型包装的轻量性决定了其结构以最少的资源消耗进行设计和呈现，而包装结构体积的减小并不能够限制其实现结构应具备的功能。这就要求设计师在尽可能少的结构元素和空间内，通过巧妙、科学的设计方式，为结构元素赋予更多的功能，实现包装结构的富功能性特点（见图 4-42）。包装的富功能性主要通过两种方式进行体现。

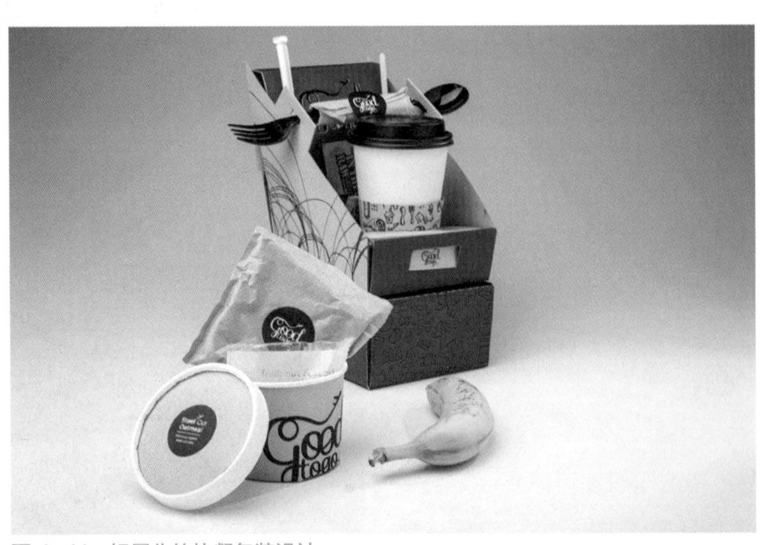

图 4-41　轻量化的快餐包装设计

一种方式是将包装结构本身作为产品的一部分，使包装不仅起到对于产品的承装作用，还能够通过改造的方式使其在失去承装和保护产品的基本功能后成为产品结构的一部分。例如，某些灯具产品包装可通过改装变为灯架、灯座等。

另一种将包装结构进行富功能化处理的方式，是在包装失去基本的承装、保护功能后，通过简单的改造、改装，将包装的结构或部分结构元素进行留存，使其成为具有新功能的物品，能够实现包装的循环利用，节约包装原料资源，同时杜绝了废弃包装的随意丢弃，从而减少对于环境的污染。例如，某些儿童食品的包装在食品食用完之后，可通过简单的改造，成为儿童玩具等。

4. 美观性

节约型包装的结构不仅需要通过设计的方式减少资源的消耗和功能的多样化、合理化，同时还应以美观为出发点进行设计（见图 4-43）。对于消费者而言，美观、亲和的包装结构是促使消费者进行产品购买的重要原因之一。包装的结构设计在一定程度上影响着包装的造型以及外观呈现效果，起着骨骼支撑的作用。因此一款优秀的节约型包装设计，需要在实现最优功能和空间结构利用率的同时，实现视觉效果的美观。只有这样，才能进一步促使消费者了解产品的内在信息和价值。

5. 环保性

节约型包装的结构还需要具备环保性，使其在生产、运输、销售、使用、回收和再利用的过程中不会对生态环境造成污染（见图 4-44）。对于产品包装而言，环保功能在一定程度上决定了其节约效果。具有环保特性的产品包装，往往具有可降解、易回收、易循环、低污染的特点。因

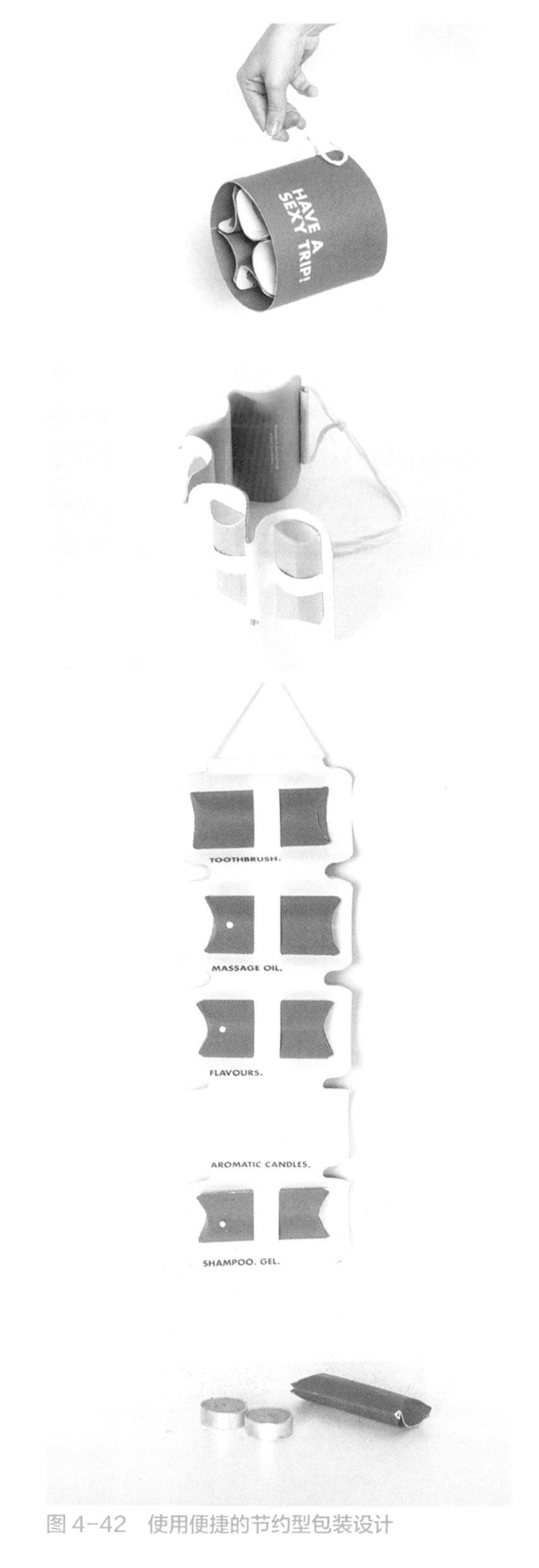

图 4-42　使用便捷的节约型包装设计

图 4-43　美观的节约型包装设计

此从环境的治理的角度出发，具有环保特性的包装结构设计能够有效地节约环境治理过程中消耗的资源和能源。

4.2.5　节约型包装结构设计案例赏析

1. Pizza Box-Pizza Bin 披萨包装设计

图 4-45 所示的是由设计师马太 • 佩克（Matěj Peca）设计的一款多功能披萨食品包装盒。此包装盒通过一个小小的结构设计创意，赋予了产品包装双重生命。其在包装结构设计方面整体采用的简约的结构设计方式，乍一看与普通的披萨包装无异，并不会发现其独特精妙之处。而在每一个包装盒内都附有一张改装方式的小卡片，消费者可根据卡片中简单的图文说明，将废弃的包装盒稍加改造和折叠，即可快速地将其改变为一款美观、大方，并且实用的垃圾桶。在其被二次利用后，还可被直接回收，其环保纸质的包装材料不会对自然环境造成污染，可直接被自然降解。在外观设计方面，此包装的外观设计与结构和造型设计相辅相成，使其在不同的功能和使用方式上都能够呈现出较好的视觉效果。同时，此包装采用了以抽象的装饰图形，以及简洁的文字来展现商品信息，简约的文字控制了油墨的使用量，而图形的设计仅使用了一种色彩进行表现，同样

图 4-44　通过线缝合固定的环保包装结构

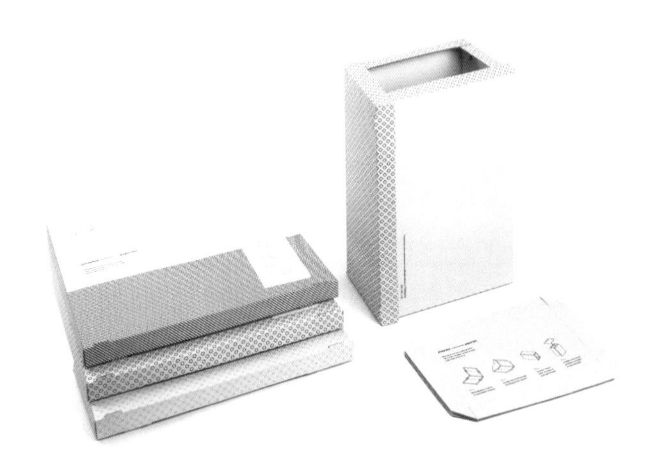

图 4-45　Pizza Box–Pizza Bin 披萨包装设计

从节约和环保的角度出发，避免了资源浪费和环境污染。

2. Package for Opinel Knives 刀具套装包装设计

图 4-46 所示的是由设计师马利安 • 西兹纳（Marián Čižnár）设计的一款多功能刀具套装包装。通常，消费者在购买刀具后，往往愁于如何安全并节省空间地放置刀具，Opinel Knives 刀具套装的包装则通过巧妙的结构设计方式完美地解决了这个问题。在包装的结构设计方面，其采用了一物多用的方式。首先，消费者通过方便环保的撕拉方式打开产品包装，将刀具取出并进行使用，随后将类似于瓦楞纸材质的部分进行倒转放置，即可以将产品的包装快速、便捷地改装成为一款实用的刀架。并且其牢固的环保纸质材质能够维持较长时间的实用过程，其内部刀架部分通过类似于瓦楞纸质感的设计方式，能够增大刀架的摩擦力，使刀具不会在刀架内随意转动，能在一定程度上保证消费者的人身安全不受到伤害。可见，这样的包装结构设计方式，不仅能使刀具的使用更加便捷和安全，还有效地节约生产刀架所造成的资源浪费。同时，在外观设计方面，该刀具套装的包装采用了单色手绘插图的方式，带

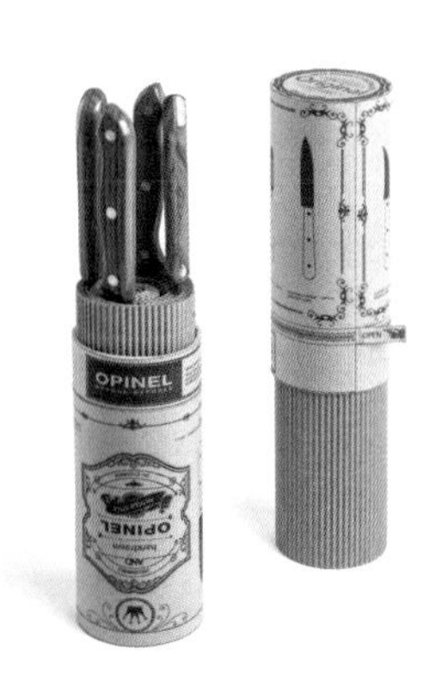

图 4-46　Package for Opinel Knives 刀具套装包装设计

给消费者复古、朴实、亲和的视觉感受，单一的色彩减少了油墨的使用。

3. Lumo-Variable Table Lamp 多功能桌面灯具包装设计

图 4-47 所示的是由设计师薇罗妮卡·缇尔瑟洛娃（Veronika Tilšerová）设计的一款多功能桌面灯具包装。该包装设计巧妙地将产品包装作为产品自身结构的一部分，充分地做到物尽其用，有效地减少了产品包装回收造成的资源浪费，为使用后的产品包装创造了二次生命。在 Variable Table Lamp 多功能桌面灯具包装的结构设计，采用了可循环式的包装方式，在产品被取出之前，包装整体结构为普通的纸盒式包装结构，当消费者将灯泡和其他配件取出后，可根据包装上印刷的简单改装和折叠方式，将包装纸盒改造为风格时尚、独特、极富设计感的灯架，使包装成为灯具的一部分。同时，改装后的包装最小结构单元为稳定的三角形，所形成的结构非常结实耐用，配合结实的环保牛皮纸材料，能在较长的时间里为消费者所使用。在该包装的外观设计，主要通过简单易懂的图形和简约的文字传达产品信息，并且通过单色设计的方式减少油墨的使用量。包装的可改装部分利用了牛皮纸材质的材料原色，有效降低了产品包装的印刷对环境的伤害程度。

4. Pinbox 木夹包装设计

图 4-48 所示的是由设计师伊娃·芭珂娃（Eva Bajková）设计的一款木夹包装。在人们的日常生活中，一些小的生活细节往往最容易被人们所忽视，而这些小细节却时常影响着消费者的心情和生活状态。因此，将消费者生活中的小物件进行细致地设计，通过情感化的方式，带给消费者愉悦的使用体验，是产品包装设计的主要目的之一。Pinbox 木夹包装即可称为一款融合了情感化设计理念以及节约型包装设计理念的优秀节约型包装设计作品。该包装在结构设计方面可谓是别出心裁，包装在打开使用产品之前，和普通的包装基本无异，而当包装打开后，可将其进行翻转成为一个放置木夹的置物盒，这样的结构方式不仅能使消费者的使用更加方便，同时还避免了产品包装使用完后丢弃造成的资源浪费，当消费者长时间存放该产品时，又可以将包装反转折回，

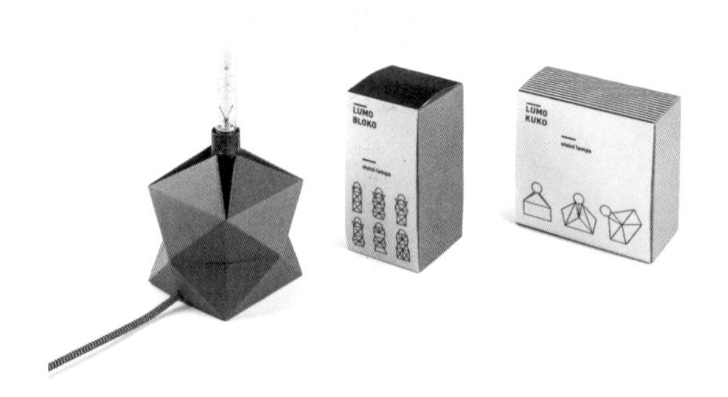

图 4-47　Lumo-Variable Table Lamp 多功能桌面灯具包装设计

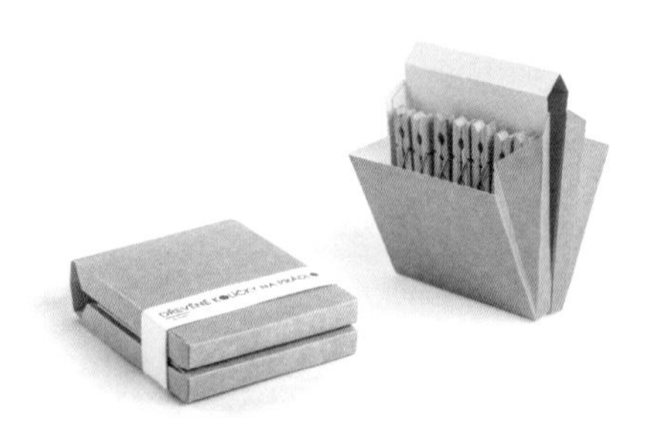

图 4-48　Pinbox 木夹包装设计

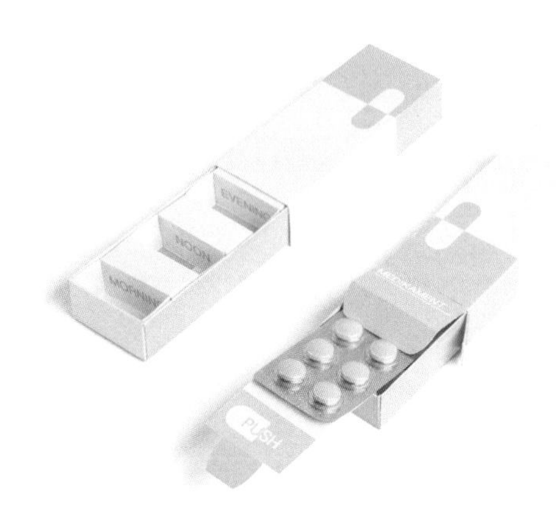

图 4-49　Medikament 药品包装设计

通过纸带进行固定并存放。在外观设计方面，该包装采用了极简的设计方式，除用于固定包装的纸环之外，全部以包装材料的牛皮纸原色进行呈现，有效地避免了印刷带来的环境污染。

5. Medikament 药品包装设计

图 4-49 所示的是由设计师马雷克·瓦乌拉（Marek Vávra）设计的一款药品包装。通常而言，消费者在服用药物之前，需要细致地阅读药物服用说明书。并且按照指定的量定时进行服用，但对于某些记忆力不好的老年人，或是生活、工作节奏较快的上班族，每次服药之前阅读说明书是一件非常麻烦的事情。该药品包装的结构设计很好地解决了此问题。该包装分为两部分空间，第一部分为存放药品和说明书的空间；第二部分空间为分隔的小格子，可作为星期药盒进行使用，消费者将药品根据用量提前放入小格子当中，待服用时直接服用，充分地节约了消费者的使用和记忆时间。同时在外观设计方面，该包装通过简约的胶囊图形表现方式传递了产品的属性信息，其绿色单色设计的方式，不仅带给消费者健康、平静、缓和的心理暗示效果，还有效地减少过度使用油墨带来的环境污染。

课后习题

1. 简要叙述节约型包装造型与结构设计的主要内容。
2. 从结构设计的角度提出节约型包装的设计方案。
3. 从造型设计的角度提出节约型包装的设计方案。
4. 综合提出两到三个节约型包装造型与结构设计方案。

第 5 章

节约型包装材料设计

5.1 节约型包装材料设计的概念

在包装设计的诸多因素当中，无论是外观设计还是造型、结构设计，都是以包装的材料设计为前提和基础的。不同的材料特性不仅决定了最终适用的包装类型，还决定了包装设计的其他各类元素设计。

包装的材料设计，即是对用于制造包装容器、包装外观、包装印刷、包装运输等能满足产品包装要求所使用的材料。对于产品自身来说，包装的材料是对于产品内容和理念的传达、是对产品本身质感和属性的继承和延伸。目前最常用的包装材料主要包括纸质、金属、木质、塑料、玻璃、陶瓷、纤维、其他材料等（见图 5-1）。包装的材料设计首先应重点考虑的是其对于产品的承装以及保住作用。针对不同的产品，包装设计师应对产品的各类属性进行深入的研究。例如，对产品的情感趋向、物态、材料、保质期、耐受力、抗腐蚀能力等因素进行考量，选择在诸多因素都极为契合的材料作为包装材料，这样才是包装材料的科学设计方式。

节约型包装的材料设计，顾名思义，即在契合普通包装材料功能的基础上，通过合理、科学的设计方法，最大限度地减少资源的消耗以及用于制作包装材料所耗费的能源。同时，节约型包装的材料还应考虑其对于环境所带来的负担程度，优秀的节约型包装材料一定能够起到保护生态环境的作用。

迄今为止，人类所设计和生产的产品包装材料始终无法与大自然这一“天才包装设计师”设计的包装材料所匹敌。在自然界中，优秀的节约型包装设计比比皆是，最具代表性的莫过于香蕉的包装——香蕉皮。香蕉皮不仅能够起到对于果实的保护作用，其整体形态紧凑，能够有效地节约运输空间，降低运输成本；“包装材料”较为光滑不易发生粘连（见图 5-2），并且能够在无

图 5-1　各类材质制成的产品包装

需清洗的前提下食用（见图5-3所），充分节约了水资源。同时，还能够通过色彩、质地的变化告知食用者其新鲜程度（见图5-4）。在果实被食用之后，香蕉皮还能够被自然降解，并成为肥料促进其他作物的成长，最终形成真正的可循环式包装。因此，对于自然界中包装材料的学习，是节约型包装材料设计的重要方法和设计路线之一。

图 5-2　香蕉整体形态紧凑

目前，较为常用的节约型包装材料与普通的包装材料选用略有不同，主要包括纸质、竹木、可降解塑料、金属、玻璃、陶瓷、天然纤维、野生菌类以及其他和不断新被研制出的节约型包装材料等（见图5-5）。节约型的包装材料一般具有资源利用率高、可降解、可循环、可塑性强、化学属性稳定、质轻、成本低廉、低污染等特点，并具有诸多普通包装材料所不具有的优势。节约型包装材料的设计不仅包括对于材料自身的设计以及新型包装材料的研制，同样还包括对于节约型材料的运用，即节约型包装材料与包装造型结构以及外观设计之间的结合设计。

图 5-3　香蕉食用时无需清洗

图 5-4　香蕉皮在其不同新鲜程度时的变化

图 5-5　各类以节约型包装材料制成的产品包装

5.2　节约型包装材料的分类设计

随着科学技术的不断发展，和严酷的商品市场竞争环境，越来越多种类的包装材料被运用在产品包装设计中，其中不乏一些较为浪费资源，并且对生态带来严重污染的包装材料。

塑料被称为 20 世纪最糟糕的发明之一，塑料作为消费者日常生活当中最为常见的包装原材料，以其廉价耐用的特点，逐渐占领了包装材料的大半壁江山。但是随着时间的推移，人们逐渐发现塑料无法降解（见图 5-6 所示），对环境的污染日益严重，且不可逆转。

图 5-6　塑料包装造成的海水污染

包装设计师逐渐意识到，只有在包装生产源头——设计阶段，对包装材料重新进行节约化研究、设计和应用，才能实现包装的健康化、科学化发展，造福后代。因此，在选择包装材料时，将注意力越来越多地放在具有节约和环保特性的包装材料上，其中包括传统的包装材料以及一些新型的包装材料。传统的包装材料主要包括纸质、木质、金属、玻璃、陶瓷，以及纤维纺织品等；而新型的包装材料主要有新型的可降解、水蓉塑料材料，以及天然生物包装材料等。

值得注意的是，包装的材料设计不仅包括包装主体结构的材料使用设计，还应包括油墨的使用与设计。普通的印刷油墨在产品包装的生产、运输、使用和回收的过程中往往会造成严重的环境污染，并且会危害消费者的身体健康，随即产生的环境治理成本和治理相关的资源浪费也会增加。因此，对于新型环保油墨的应用和设计，也应纳入节约型包装材料设计的范畴内。

5.2.1　传统包装材料的设计

1. 纸质包装材料的设计

纸质品包装是指那些以纸或是纸浆为主要原材料的包装材料制品，是人类迄今为止使用时间最长，历史也较为悠久的包装材料。自造纸术诞生以来，纸质品一直作为商品交易过程中最常用的包装材料之一。无论是生活中常见的食品、饮品、日化等产品，还是大型的工业原材料产品，都能够见到纸质包装的身影（见图 5-7）。可以说，若没有纸质材料作为产品包装，人们的生活面貌将会大有不同。相比重污染的塑料材料，纸质材料具有可降解的优点，因此，纸质包装材料在当代常用作塑料包装材料的替代品进行使用。

通常纸制品包装分为包装纸和纸板两种。

如图 5-8 所示，包装纸是指具有软性薄片材料特性的纸质材料，我们生活中经常见到的礼品包装纸、纸袋等包装，都可称为包装纸。包装纸的硬度不高，通常无法被固定为具体的形态，因

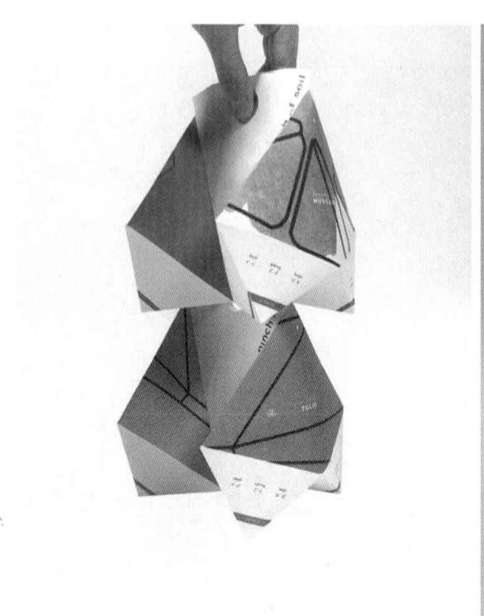

图 5-7　纸质节约型包装设计

此常用于制作纸袋、外层包装纸、内包裹以及缓震填充物等。

纸板是纸制品包装的另一类呈现形态，其刚性较包装纸更强，一般用于纸盒、纸箱、纸筒、瓦楞纸等较为牢固结实的包装的生产和制作（见图 5-9、图 5-10）。纸板包装相比于包装纸更具有可固定性和耐力。同时，相比于其他种类的包装材料，纸板材料具有重量轻、缓冲性强以及可塑性强等优势。随着包装材料的不断发展和演变，纸质材料已逐渐代替对于环境具有污染性的塑料材料，称为中国使用范围最广的包装材料。但纸质材料的原料通常为木材，木材源于森林资源，过度森林砍伐会逐渐对人类生存的环境带来威胁和影响。因此在以节约为目的进行设计时，应从设计的角度合理利用木材资源，实现资源的优化配置，从视觉、造型、结构的多重角度节约纸质包装材料的使用，实现设计的轻量化。

近年来，纸质包装材料的应用越来越广泛。因其可塑性强、易降解、轻便、环保等优势，可用作大部分产品的包装原材料。其中，纸质包装

图 5-8　节约型咖啡产品纸袋包装设计

图 5-9　节约型纸质防摔鸡蛋包装 1

图 5-10 节约型纸质防摔鸡蛋包装 2

图 5-12 节约型纸袋包装设计

材料较多地被运用在食品、礼品、日化、文具、家具、家电等包装设计当中（见图 5-11）。纸袋常被用作小食品、小礼品、服装等商品的包装设计（见图 5-12）；而纸板则更多地运用在家具、家电、奶制品、饮料盒、鸡蛋包装等商品的包装设计中（见图 5-13）。同时，现代商品运输离不开重量轻、易折叠、成本低廉的瓦楞纸。可见，纸质包装几乎可被运用在消费者生活的方方面面中。

对于包装材料的节约化设计不仅是选用具有节约和环保特性的包装材料，更是从包装材料同包装造型和结构最契合的设计方式角度出发，选用最佳、最合适的包装设计形式，结合包装材料自身的特点进行设计。对于纸质包装而言，常用的形态包括纸袋、纸盒、纸箱、纸杯、纸罐、纸

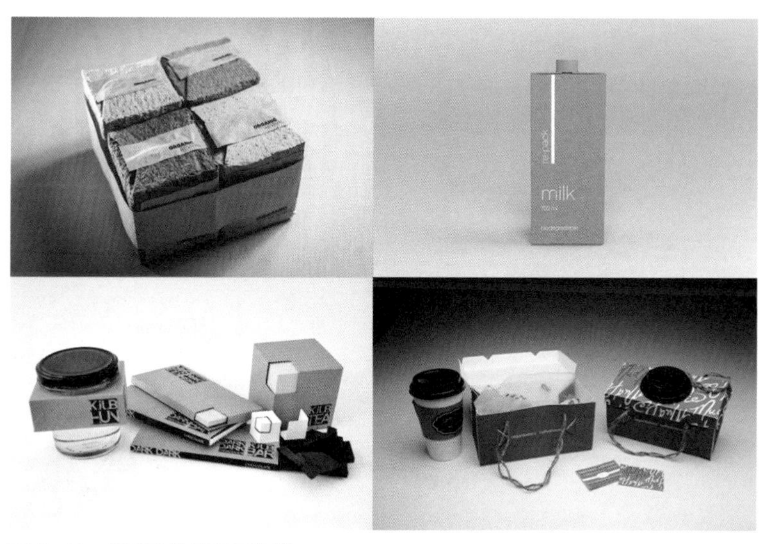

图 5-11 各类节约型纸质包装

图 5-13　节约型鸡蛋包装纸盒设计

筒等（见图 5-14）。纸质包装来源于木材森林资源，过度地使用会造成生态环境的破坏，因此需要从设计的角度充分地减少包装原材料的使用量。从三维体面的角度来说，纸质包装可分为正方体、长方体、球体、圆柱体、圆锥体等形态。从节约的角度出发，在同等空间体积下对比可得出，球体的形态是最能节省包装材料的方式。相比之下，圆锥的形态是最浪费材料的。但在现实的包装生产、运输以及消费和使用的过程中，球体的包装形式非常不便于放置和运输，因此应用程度并不广泛。相比球体，正方体以及长方体的包装形态更加具有稳定性，在运输和存放的过程中也能够更充分地节约空间（见图 5-15）。同时，圆柱体的包装形态虽然不能够最大限度地节约运输和存放空间，却是最能节省纸质包装材料的形态，相比立方体纸质包装，能够节省 6% 的包装原材料（见图 5-16）。因此对于那些体积较小，存放密度较大的产品，可使用圆柱形态的纸质包装。例如，纸质茶叶罐商品等。而那些体积较大，存放密度相对较低的商品，一般建议采用立方体，即纸盒、纸箱的形式进行设计。例如，大型家电、家具等产品。

2. 木质包装材料的设计

如图 5-17 所示，木质包装设计是指那些以木材为原料进行设计和制造生产的产品包装。在国际商品市场中，尤以发展中国家为主，以木质

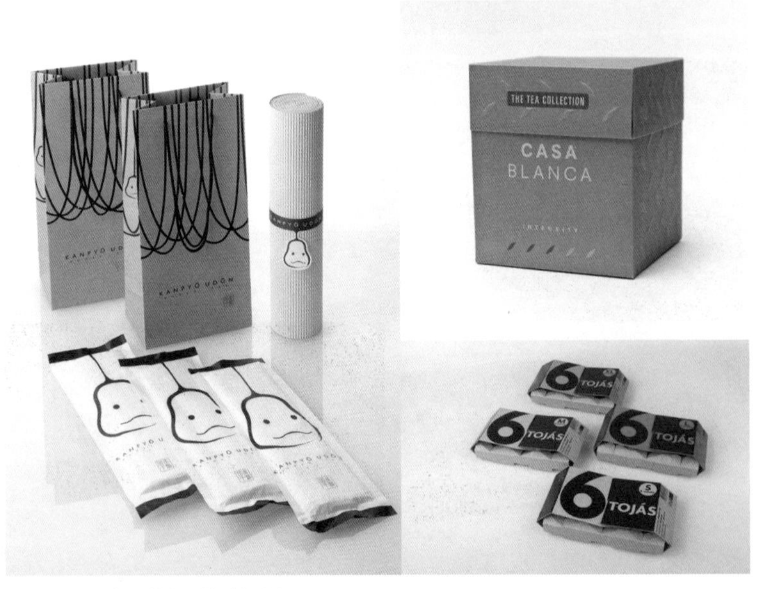

图 5-14　常见的纸质包装形态

图 5–15　立方体形态的节约型纸质包装设计

图 5–16　圆柱体形态的节约型纸质爆米花包装设计

为材料的包装用量仅次于纸质材料，同纸质包装材料一样，是最古老的天然、绿色、生态包装原材料之一。世界各个具有悠久历史的文明古国，速来便有使用木材作为礼品包装的习惯。木材因其具有诸多质量、形态，以及材料肌理优势，能够从视觉、触觉、嗅觉等多感官角度带给消费者品质感和安全感。由此可见，木质包装材料在包装设计的应用是非常广泛的。

在中国，木质包装材料的使用已有数千年的历史。例如，较为常见的水果及茶包装，很多都使用了竹编筐、筒的形式进行商品的承装（见图 5-18）。通常，木质包装材料主要包括普通木质材料和竹木材料。普通的木质材料通过不同的软、硬木的自然属性特征呈现出不同的包装形态，通常被加工成木板或木片，上漆后具有较高的雕塑艺术美感（见图 5-19）。竹木材料则可

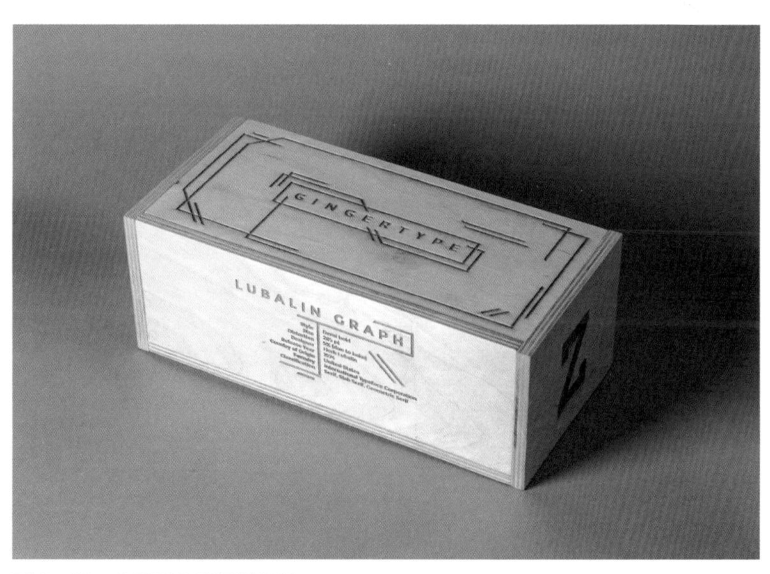

图 5–17　木质节约型包装设计

通过多种形式进行表现。竹类植物具有柔韧性强以及中空的特点，截断后可直接作为筒状包装进行商品的承装。例如，某些传统小吃直接将竹筒作为商品承装载体（见图 5-20）；同时，竹类材料还常常被加工为细条状用于竹编包装的制作和生产，产生意想不到的艺术感和形态塑造（见图 5-21）。

相比其他的非天然包装材料，木质材料更适合作为节约型包装的原材料，其具有可塑性强、高强度、透湿、透潮、化学稳定性强、无污染、较高审美和艺术价值等的特点。首先，木材是纯天然可再生资源，在全球范围内分布较广，产品包装的生产便于就地取材。同时，不需要太过复杂的工艺和技术便可进行包装的生产和加工，能够充分地节约设计、生产能源和劳动力资源；木质包装材料还具有较高的强度和耐性，能够抵抗

图 5-18　竹编茶包装设计

图 5-19　木质包装设计

图 5-20　竹筒粽子

图 5-21　节约型竹编包装设计

图 5-22　多功能木质包装设计 1

图 5-23　多功能木质包装设计 2

图 5-24　节约型木质首饰包装设计

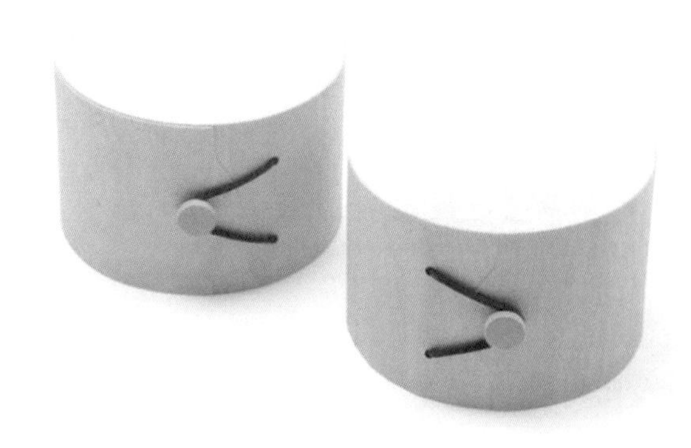

图 5-25　节约型木皮包装设计

较强的机械损伤力。同时，还因其具有一定的弹性，使其具有较强的抗冲击力、抗压力和抗震动力。

木材包装材料因自身优势，主要更多地被应用在食品、高档礼品、机械制品等商品包装设计当中。普通木质包装可通过一定的上漆、雕刻等加工工艺，被赋予光滑和极具艺术感的触感和视觉效果，是贵重的商品的最佳包装材料之一，美观的木质包装不仅能够吸引消费者购买产品，还能够引导消费者在使用完产品后继续留存，对产品包装进行二次利用（见图 5-22、图 5-23）。同时，木材的化学稳定性较强，因此不会使环境轻易地对商品产生影响，因此木质材料还常用作盛放各类机械制品、仪表、手表以及首饰等需要妥善存放的高档和精密制品（见图 5-24）。除普通木材外，木质材料还包括竹木材料。竹木材料具有易于取材、资源丰富、价格极其低廉、结实耐用以及环保无污染等特点。因此，将竹编包装作为塑料包装的替代品，不失为一种节约、环保的设计方式。同时，竹编包装材料还常与其他的包装材料相结合进行设计。例如，我国传统的瓷胎竹编包装，就是将传统陶瓷工艺与精致的竹编工艺相

图 5-26　异形木质节约型包装设计

图 5-27　纺织品竹质节约型包装概念设计

结合，使竹编包装在承装商品功能的基础上，还具有较高的艺术价值，在产品使用完之后，其包装还能够作为工艺品和艺术器皿被继续使用，既能节约资源的浪费，又能避免随意丢弃包装所造成的环境污染。

在设计木质包装材料时，可设计多种形态，大部分以木盒以及木桶的形态为主，承装体积较小或中等体积的商品。木盒主要用于礼品、手表等精致小物件以及中小礼品的承装，而木桶主要用于啤酒等液体商品的承装。出于对于木材资源的节约目的，不建议对较大的商品采用木质包装的设计方式，同时木材的重量较重，且无法折叠和延展，因此木质材料的包装承装较大的商品也不利于商品的运输和销售。除以木盒为主的木质材料包装形态外，近年来还出现了其他木质材料包装形态。例如，木皮包装（见图 5-25）、异形木质包装（见图 5-26）以及直接利用木材和竹节自身天然形态的包装设计（见图 5-27）。

3. 金属包装材料的设计

金属包装材料主要指那些使用了各类金属，通过一定的工艺将金属板材制作成型的产品包装容器，是最为常用的传统的包装材料之一。我们可以发现，无论其他类型的包装材料经历怎样的兴衰，金属——这一包装材料却从未在人们的视野中消失过。如图 5-28 所示，在生活中，从几乎天天都要食用的食品包装，到眼镜盒、烟盒等产品包装，都能够见到金属包装的身影。金属被如此广泛地使用作包装原材料是有原因的。一方面，金属包装对于商品而言，具有较好的保护、保质功能，能够至少保证产品三年的质量不会改变；另一方面，金属包装材料又是可再生和回收的资源，能够在使用后回收并实现多次循环利用，这样不仅能节约用于生产包装的金属资源，还能够有效地控制成本，提升产品的市场竞争实力。

通常而言，金属包装材料主要包括钢材和铝材。如图 5-29 所示，钢材主要是指钢性、硬性

图 5-28　节约型金属茶罐包装设计

材料，如薄板；而铝材则指的是软性材料，如金属箔（见图 5-30）。相比于其他的包装材料，钢材和铝材目前的可回收系统十分完整，能够有效地节约循环利用和生产中所造成的资源浪费。在设计金属包装材料时，可选用的材料种类主要有两类，第一类为黑色金属类材料，即薄钢板、镀锌薄钢板、镀锡薄钢板等材料。另一类为有色金属类材料，包括铝板、铝箔、合金铝板、合金铝箔等材料。对于节约型包装设计而言，钢材金属包装材料和铝材金属包装材料的使用皆可进行回收和再利用，因此金属包装材料类型的选择则可以主要由产品自身的要求来决定。

相比其他的包装材料，金属材料具有自身的优势与局限性。有效地利用金属材料的优势，并结合包装所承装产品的特点和属性要求，选用合适的金属种类和合理的造型和结构表现方式，才是金属包装材料设计的重点。

首先，金属材料的质地非常坚固，具有强度

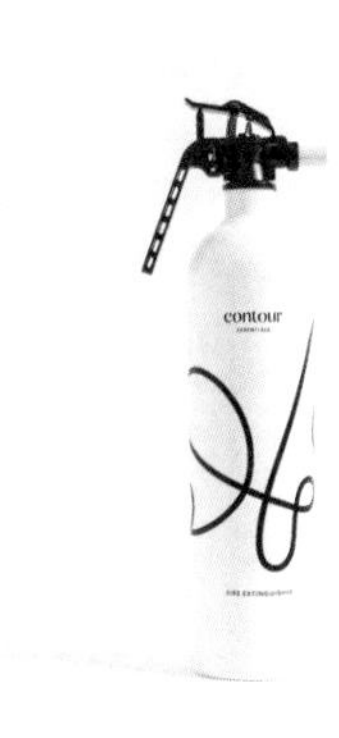

图 5-29　节约型金属包装设计

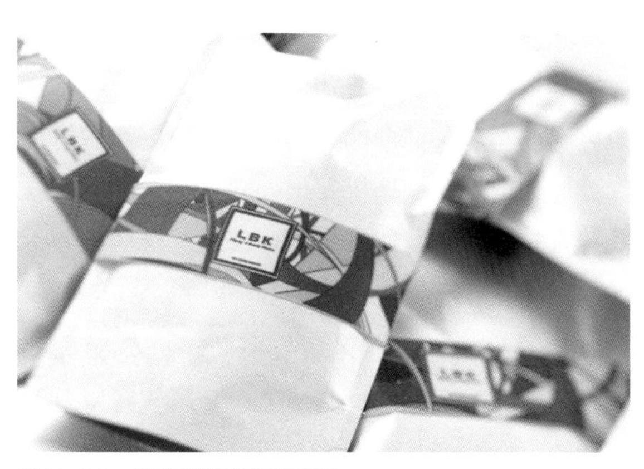

图 5-30　节约型铝箔包装设计

高、易成型、刚性强、不易被破损、耐震性强、高阻隔性以及易于运输的特点。使得金属包装不仅能够用于小型产品的包装和运输（见图 5-31），还能够承载大型的产品（见图 5-32）。同时，其较强的阻隔性能够有效地隔绝商品接触外界环境中的氧气、水分、二氧化碳以及某些具有腐蚀性的气体、液体和固体等。金属包装还具有遮光的功能，能够有效地避免紫外线对于产品的照射，保证产品的质量和安全性，并且能够使其长时间的保存，避免变质。

图 5-31　海产食品金属罐头包装设计

图 5-32　大型金属罐运输包装

第二，金属包装材料具有可循环再生的特点。消费者在使用完商品后，可将产品包装集中回收和处理，通过统一的工具，将材料回炉再生，可不断循环再生成为新的金属包装，不仅能够节约资源、降低生产成本，还能够避免包装随意丢弃造成的环境污染。

第三，金属包装材料还具有较好的延展性和可塑性，能够较为容易地制作成设计师预想的包装形态，根据不同的产品包装设计需要，将其制作为各类形态。

第四，金属包装材料还具有美观的特点。因不同的金属种类，能够呈现出不同的色彩和光泽，因此金属包装材料往往还能够具有美观的特点，并能够提升产品整体的品质感。

同时，随着近年来印铁工艺的发展，越来越多的美观图案和商标能够通过印铁的形式进行呈现，这样不仅能够使包装更美观、更具吸引力，还在某种程度上节省了油墨的使用，有效避免了油墨对于生态环境的破坏。

一般来说，金属包装材料所制成的包装容器结构主要有金属桶、金属罐、金属软管以及铝箔袋等。金属桶是指运用金属板作为原料制成的大型金属容器，可用于燃油等大型运输包装（见图 5-33）。金属罐是指那些由金属薄板制成的小型金属容器。例如，我们日常生活中经常见到的金属易拉罐、金属油漆罐等，主要用于食品、饮品以及油漆等产品的承装（见图 5-34）。除此之外，金属罐还包括金属气雾罐，即金属包装材料

图 5-33　金属油桶包装

图 5-34　节约型涂料金属罐包装

图 5-35　节约型金属护肤品喷雾罐包装设计

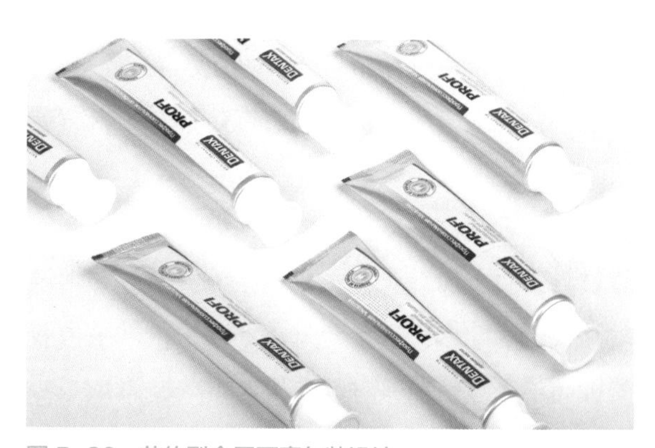

图 5-36　节约型金属牙膏包装设计

图 5-37　节约型金属咖啡豆包装设计

制成的具有一定内部压力并且具有阀门的气罐。例如，某些喷雾型护肤品、杀虫剂等（见图 5-35）。金属软管是指利用金属包装材料制成的软性包装，通常一端为封闭状态，另一端为螺旋盖形态。例如，金属的牙膏、颜料、化妆品包装等（见图 5-36）。铝箔袋是指用铝箔制成的袋形包装，较为常见的有熟食、零食包装等（见图 5-37）。

对于金属包装材料的节约型设计可以从三个角度出发，分别是标准化设计、多功能设计以及可回收设计。标准化设计是为了在运输、生产和回收的过程中充分地节约多种规格包装所造成的生产资源浪费和回收、循环利用时不必要的资源消耗和环境污染。多功能设计是指为金属包装材料所制成的包装赋予更多的功能，并提升其美观性，从而使消费者对其进行二次利用，避免包装随意丢弃造成的环境污染。如图 5-38 所示，可回收设计是指在设计的过程中，尽量减少对于金属原材料的过度加工。例如，在金属包装罐上进行过度的印刷和上色，都会对回收和循环利用带来不必要的困难。

4. 玻璃包装材料的设计

早在 21 世纪之前，玻璃就已经在欧洲成为用于酒类包装的最常用包装材料。玻璃作为传统包装材料的代表一直沿用至今（见图 5-39），说明其使用价值从未因经济的发展、产品的演变以及新包装材料的推出所改变。玻璃包装材料是由石英砂（见图 5-40）、烧碱（见图 5-41），以较为简单的制作工艺加工而成，制作成为透明或半透明状态的个体。玻璃包装材料虽然不是最轻的包装材料，但却具有可塑性强、化学稳定性好、耐受性强的基本特点。在包装材料的节约程度上来说，玻璃包装材料虽然不像纸质、木质材料能够被轻易地降解，不像金属材料那样具有循环重塑的属性，但却具有较美观的视觉效果（见图 5-42）。通常而言，消费者会保留外形和质感美观的包装，将其作为装饰品或作为其他的用品继续使用（见图 5-43）。

图 5-38　节约型金属包装设计

图 5-39　各类玻璃包装设计

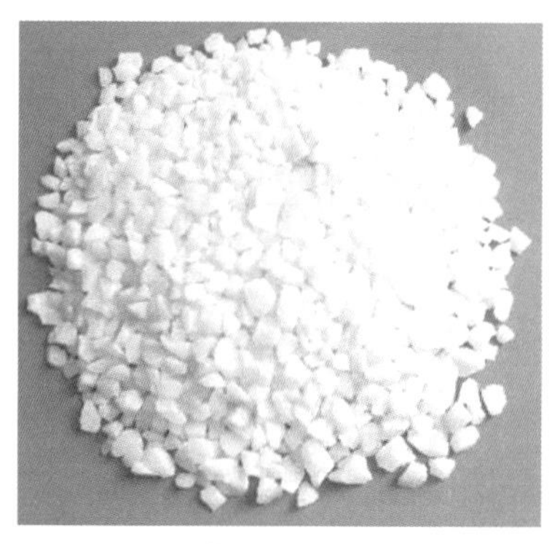

图 5-40　石英砂

图 5-41　烧碱

图 5-42　节约型玻璃包装设计

图 5-43 被作为花瓶二次利用的玻璃包装

玻璃包装材料较其他包装材料具有一定的优势。首先，玻璃包装材料具有较强的保护性。玻璃能够有效地隔绝空气、潮气，以及紫外线，并且具有非常强的化学稳定性，能够保证所承装商品的质量在短时间内不受到环境的影响，这也就是为什么玻璃包装材料常用作液体包装瓶的原因，因为普遍来讲，大部分液体的化学稳定性较差。而较强的保护性则意味着以玻璃为原料的包装能够长时间的使用，无须频繁地更换包装。因此从另一角度来说，若一款产品使用玻璃作为其包装材料，则能实现更长的使用寿命，节约更多产品资源。

第二，玻璃包装材料还具有易加工的特点。因玻璃能够通过高温加热的方式随意进行形态的塑造，使其可以呈现的效果和规格多种多样（见图 5-44），因此，玻璃包装对各类商品的适应性也较强。

第三，玻璃包装材料还具有生产资源易得、成本较低的特点。玻璃包装材料主要由石英砂制成，此类资源非常丰富，使用玻璃作为包装材料能够有效避免对于那些珍贵的不可再生资源的浪费。

第四，玻璃包装材料还具有透明性强以及美观的特点（见图 5-45）。玻璃透明性强的特性不仅能够使消费者对于产品的情况一目了然，还能够使包装看起来更加的美观。例如，某些酒水类饮品玻璃包装一般都具有较为美观的特点，消费

图 5-44 各种造型的玻璃包装

图 5-45 节约型首饰玻璃包装设计

者常在酒水饮用完之后将其作为花瓶使用，这样既避免了随意丢弃垃圾造成的环境污染，又实现了包装的循环使用。

虽然玻璃包装材料具有上述诸多优点，但其也具有一些自身的局限性。例如，玻璃材料相比其他材料更易碎，重量更大，加工时具有一定的污染型并会耗费较多的能耗，同时，其光滑的表面也不易于进行印刷。这就要求在进行以玻璃为主的包装材料设计时，采用需要充分利用其优点，并且能够尽可能地规避其缺陷的设计方案。因此，在进行以玻璃为主的包装材料设计时，应遵循轻量化的设计原则。轻量化设计原则是节约型包装的通用设计原则，需要贯穿在节约型包装设计的各个环节中。当然，玻璃包装材料因具有生产耗能高、重量大的缺陷，设计更应遵循轻量化这一原则。同时，包装材料的轻量化还能够最大限度地节约原材料资源。除了原料使用的轻量化外，与包装结构相结合的轻量化设计也同样能够减少原料资源的浪费，从源头上控制包装废弃物的产生。首先，应在玻璃包装保证其基本的承装和安全性的前提下，进行尽可能地薄壁化设计，避免原材料的浪费，减轻包装重量。其次，以玻璃瓶的设计为例，从力学原理角度来讲，瓶身越接近球形、形态越简洁越节省材料资源。

玻璃包装材料在包装设计领域应用较为广泛，其主要以玻璃瓶的设计为主。玻璃瓶的种类繁多，通常主要分为 5 类：①模制瓶和管制瓶；②无色透明瓶、有色瓶和不透明的浑浊玻璃瓶；③窄口瓶和广口瓶；④一次性瓶和可回收瓶；⑤食品包装瓶、饮料瓶、酒瓶、试剂瓶、滚压盖瓶等类型。针对不同的玻璃瓶种类，设计师需要结合不同属性的玻璃包装材料，从玻璃瓶包装的瓶口、瓶身、瓶底三部分结构出发，分别结合节约型设计理念进行设计。

5. 陶瓷包装材料的设计

陶瓷包装是指以黏土、氧化铝、高岭土为主要原料（见图 5-46），并经过配料、制坯、干燥、烧制而成的产品包装（见图 5-47）。陶瓷是陶器和瓷器的总称，早在约公元前 8000—前 2000 年（新石器时代），中国人便发明了陶器。从此，陶瓷便成为了重要的包装原材料之一。相比其他的包装材料，陶瓷具有较好的化学稳定性以及热稳定性，能够耐受高强度的化学腐蚀，可以对商品起到充分的保护作用。同玻璃包装材料一样，陶瓷包装材料的节约性主要体现在其可得到二次利用的价值上。陶瓷包装具有其他种类包装所不具有的美观性，能够从质感的角度提升产品档次，故陶瓷包装材料常用于承装高档酒类产品。

陶瓷包装材料从不同的原材料出发可分为不同的类型，较为常见的类型有瓷器、陶器以及炻

图 5-46　用于制作陶瓷的原料（从左到右分别为黏土、氧化铝、高岭土）

图 5-47　节约型高档橄榄油陶瓷包装设计

器。瓷器的原料以纯白色的瓷土为主，其以纯白无瑕、光滑的视觉和触觉感受，被称为质地较好、档次较高的包装容器（见图 5-48）。瓷器的坯体是完全的玻璃化，具有极强的阻隔性和超低的吸水性，常被设计为瓶装包装。同时，瓷器还是中国传统包装材料之一，无论是单独进行设计还是

图 5-48　节约型陶瓷包装设计

图 5-49　节约型粗陶首饰包装设计 1

图 5-50　节约型粗陶首饰包装设计 2

图 5-51　节约型高档橄榄油陶瓷包装设计

结合竹编、绘画的形式，都能够传达出浓厚的东方文化底蕴和极高的艺术美感。陶器从质地和原料的角度出发，又分为粗陶器和精陶器。粗陶器主要是指以杂质较多的砂质黏土为主要原料的陶器类型，其整体往往呈现出粗糙、多孔、色泽暗淡、吸水性较强的特点，主要被设计为陶罐或陶缸等造型，能带给消费者和使用者古朴、自然、纯粹的视觉感受（见图 5-49、图 5-50）。精陶器是指以陶土为主要原材料的陶类容器，整体呈白色，具有质地较粗、气孔率和吸水性较弱的特点，常被设计为陶罐、陶坛以及陶瓶（见图 5-51）。炻器，又称半瓷，由陶土或瓷土制成，是介于陶器和瓷器之间的包装材料，具有密度较高、不吸水、未完全玻璃化的特点，通常分为粗炻器和细炻器两种，用于制作陶坛和陶缸。

相比其他的包装材料，陶瓷包装材料具有其自身的优点以及局限性，对这些特性进行深入的研究和了解，能利于设计师更好地利用陶瓷材料的优势，避免其劣势。在陶瓷包装材料的优点方面，首先其具有良好的耐热性，化学稳定性较强，能避免包装与内容物发生化学反应。第二，陶瓷材料质地较硬，能对承装的商品起到有效的保护作用。第三，陶瓷的吸水性较弱，不会造成环境中水分的渗透，能够更好地保护和承装商品。第四，造型变化多样，具有较高的艺术价值，利于包装的二次利用和循环使用。除具有以上优势外，陶瓷包装还具有自身的局限性。例如，生产周期较长、易碎、不透明等缺陷。设计师需要对陶瓷包装的特点进行了解，从产品的主题和销售理念需要出发，进行结合性、节约性的设计。

陶瓷包装材料在进行节约化的设计时，同样需要遵循一定的设计原则。首先，陶瓷包装材料设计需要遵循轻量化的设计原则。陶瓷材料制作成型周期较长，尽量地减少包装塑造所耗费的原料，不仅能够有效地减少用于制作的原料资源和制作时长，还能够减少生产成本，控制产品包装的价格。同时，陶瓷材料包装设计还应遵循美观性和创意性的设计原则。陶瓷材料虽然对于环境不存在破坏的隐患，但却属于降解速度极其缓慢的包装材料，若在使用后被随意丢弃，会造成垃圾的肆意堆放。因此若想要在源头上避免陶瓷包装的随意丢弃，就需要从设计的角度提升其视觉美感和艺术价值（见图 5-52），使其更具有创意性和收藏性，诱导消费者对其保留并二次或多次利用。

图 5-52　节约型酒饮品陶瓷包装设计

6. 纤维纺织品包装材料的设计

纤维纺织品包装材料是指以天然或人造纤维制成的纺织品包装材料，是传统的包装材料，具有悠久的生产和使用历史，也是当代较为常用的包装材料之一（见图 5-53）。相比其他的包装材料，纤维纺织品所具有的天然的亲和力以及环保性越来越受到消费者的青睐。同时，纤维纺织品包装材料可根据具体产品的需要，有多种材料可

图 5-53　节约型纤维制品包装设计

供选择，大部分纤维纺织品包装材料较为易得并且价格低廉，通过合理、科学的设计方法，使其兼具美观和耐用，使消费者在使用完商品后留存并循环使用纺织品商品包装，这样既节约了自然资源，又不会产生资源和能源的浪费。

可用于进行包装设计的纤维纺织品包装材料多种多样，从纺织品纤维的属性来讲，总体可分为自然纤维和人造纤维两种。自然纤维（见图5-54）是指可直接从自然界中直接获取的呈纤维状态的原材料；而人造纤维（见图 5-55）是指那些通过一定的工艺，将原本不是纤维状态的原材料加工成纤维状态的纺织品原材料。

其中，较为常见并实用的自然纤维包括动物毛纤维、蚕丝纤维、棉纤维、麻纤维等。动物毛纤维具有较好的弹性和耐磨性，回收不会造成环境的污染，是非常古老的自然纤维包装材料，较为具有代表性的动物纤维材料包括羊毛、鹅毛、鸭绒、貂绒等。因动物毛纤维某些时候会对动物的生命造成损害，同时大部分价格较为昂贵，从包装生产成本控制的角度来说，应适度使用动物毛纤维包装材料，切忌为了包装的华丽而过度使用动物毛纤维。丝纤维同样属于动物纤维的范畴，是起源于中国的经典传统纤维材料之一。其以亲和的手感、华丽的光泽、轻盈的质地、淡雅的色彩，被认为是较为高档的包装原材料之一，传达出高贵、典雅的感受，因此常用作包装较为高档的礼品等产品。

在古时，人们就常将丝纤维用作“锦盒”“锦囊”等包装形式的制作。在利用丝纤维进行节约型包装设计时，需要注意不过度关注包装的华丽性而造成资源的浪费，切记产品包装的价值不可高于产品本身。棉纤维属于植物纤维，通过不同的处理方式，根据商品的销售和包装需要，能够呈现出不同的精致状态，因此棉纤维常能够带给人古朴、温和的视觉和触觉感受。同时，棉纤维来源于自然，原材料丰富、易得并且较为廉价，使用后还能被自然降解，是一种非常优质的节约型包装材料（见图 5-56），但因其牢固性一

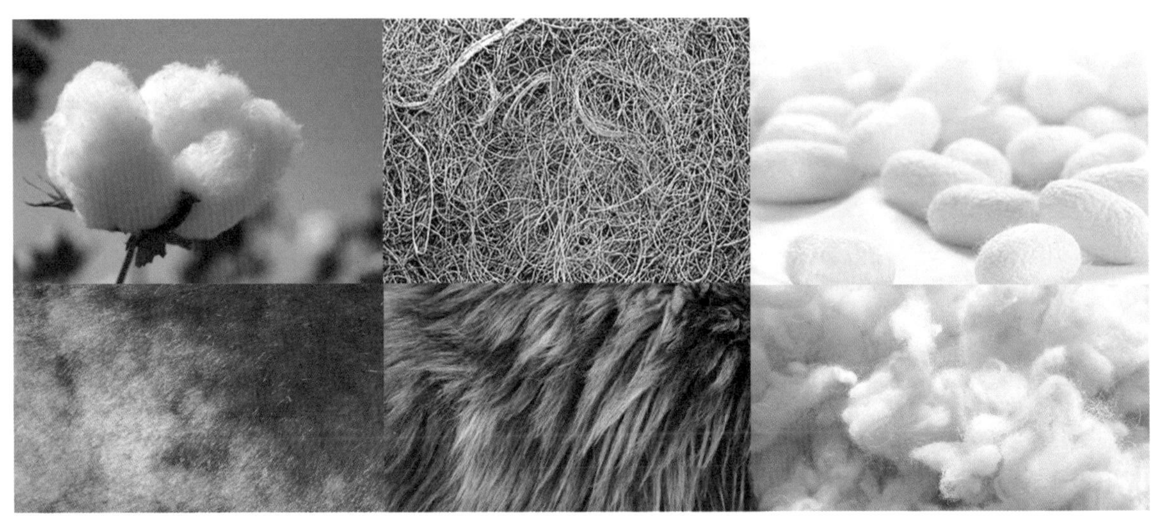
图 5-54 各种自然纤维包装材料

图 5-55 各种人造纤维包装材料

般，所以不会被用来承装质量较重的物品。麻纤维（见图 5-57）同样也是植物纤维之一，分为木质纤维和非木质纤维两大类。其中木质纤维是指那些含木质材料较多、质地较粗糙的麻纤维，常被用作制作包装麻袋和麻绳来使用。非木质纤维是指木质材料含量较少、质地较为柔软的麻纤维包装材料，常作为如亚麻、苎麻等纺织品包装的原材料。相比棉纤维，麻纤维具有更好的耐受性和承重性，且不易腐烂（见图 5-58）。

较为常见的人造纤维分为再生纤维（见图 5-59）和化学纤维（见图 5-60）两种，其中再生纤维是通过一定的生产工艺，以木材、草类的纤维加工而成的纤维类型；而化学纤维是利用石油、天然气、煤，以及农副产品作为原料所制成的合成纤维。随着耕地的减少、石油资源的日益枯竭以及环境污染的加剧，天然纤维

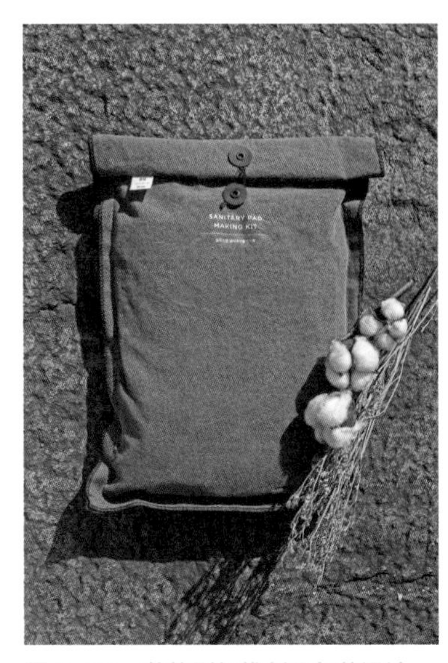

图 5-56 节约型纤维制品包装设计

图 5-57　麻纤维材料

图 5-58　节约型麻质包装设计

和化学纤维的产量受到了制约，包装设计师、产品生产厂家，以及消费者逐渐将更多的注意力转移到了再生纤维上，并对其利用价值进行了重新的认识和发掘。通常而言，再生纤维分为再生纤维素纤维、纤维素酯纤维、蛋白质纤维三大类。再生纤维素纤维是指以棉、麻、竹、木、灌木等为原料，在不改变其化学结构的前提下，仅对其物理结构进行改变所制造出的性能更好的纤维材料。再生纤维具有手感柔软细滑、染色更加亮丽、弹性强等优势，可一定程度地满足不同产品的包装需要。纤维素酯纤维是指从木材、棉短绒等植物材料中提取出的纤维素，其特点与再生纤维素纤维几乎无异。蛋白质纤是指从牛奶、大豆、花生、玉米等自然材料中提取而出的纤维素，具有手感柔软和人体亲和力的特点，同样可以作为良好的节约型包装材料进行使用。而相比再生纤维，化学纤维往往具有弹性好、质地轻、吸湿性强、染色鲜艳、手感柔软等优点，但其生产往往会造成各类废水的产生，废水中包含例如乙醛、对苯二甲酸、乙二醇等对人体和自然有害的毒素，同时还会耗费大量的资源进行相关的环境治理。因此，在进行节约型包装材料设计时，最好避免化学纤维的设计和使用，选择使用自然纤维和人造纤维中的再生纤维。

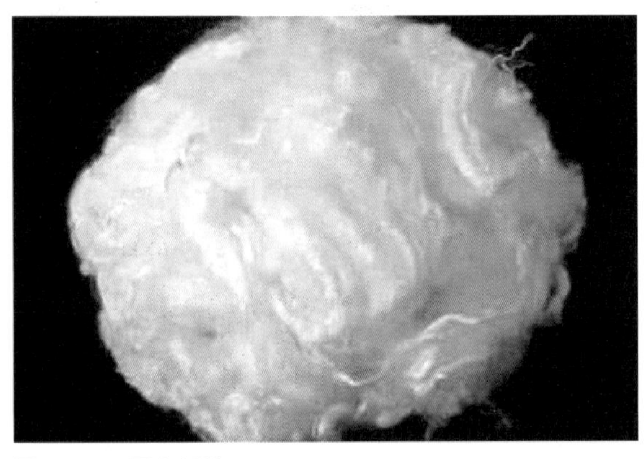
图 5-59　再生纤维

图 5-60　化学纤维

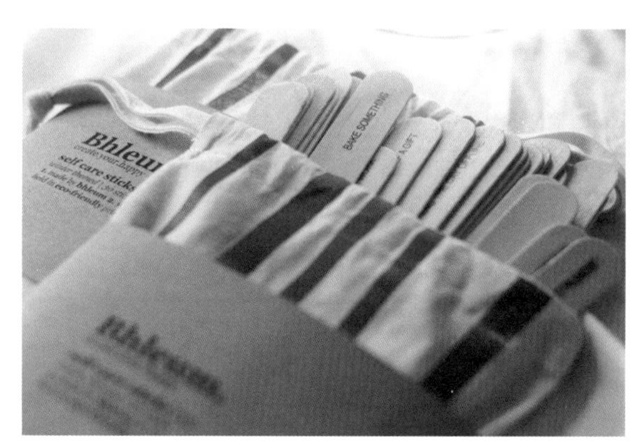

图 5-61　以纤维纺织品材料为主节约型的包装设计

图 5-62　节约型纤维纺织品包装设计

在进行以纤维纺织品为原料的节约型包装设计时，需要注意以下三点设计原则：首先，产品的包装设计所选用的纤维材料必须符合产品的属性、特征以及销售理念，并采取轻量化的设计方式，避免一味地为追求包装的档次和华丽所造成珍稀纤维材料的过度使用（见图 5-61）；其次，设计师需要针对不同的纤维纺织品的特点进行创意化设计，使其在节约资源的前提下具有简约、美观和充满创意的外观视觉效果，以便使消费者对其进行循环利用（见图 5-62）；最后，注意具有酸性的商品最好不要使用棉、麻等纤维和纤维素材料进行包装；碱性的产品不宜使用动物毛、丝等蛋白纤维纺织品作为包装材料。

5.2.2　新型包装材料的设计

随着经济全球化、科技的发展和各类产品和消费者对于包装材料功能需求的增加，产品包装材料的设计已不仅仅只停留在传统包装材料的使用和设计层面，越来越多的设计师和产品包装生产企业将关注的目光投向了那些新型的包装材料。近年来，新型的包装材料不断涌现，其中比较具有代表性的新型包装材料包括新型的塑料材料、天然生物包装，以及其他的新型包装材料等。这些新型的包装材料，不仅具有传统包装材料的大部分特点和优势，还各具不同的新功能。同时，在资源的节约和环境的保护角度都具有积极的属性趋向。相信随着包装材料合成工艺和技术的发展，在未来还会不断地出现适合不同产品需求的节约型新型包装材料。

1. 新型塑料材料

随着市场上商品种类的不断增多，越来越多的商品选择成本低廉、结实耐用的塑料作为包装原材料，塑料在产品包装的生产和产品的销售中已起到越来越重要的作用，但随着塑料包装的不断推广和应用，其在带来经济利益的同时所造成的环境污染和石油资源浪费的问题日益严重。用于生产塑料的原料——石油是不可再生资源，过度开采会造成资源的浪费；而塑料又是不可降解的包装原材料，大量的废弃塑料会对生态环境造成严重的污染，但目前市面上大部分的产品包装都已使用塑料作为其包装材料。针对这一问题，包装设计师逐渐意识到若不研制和推出新型的环保塑料作为传统塑料的替代品，就很难改变目前塑料包装材料占领包装材料市场的局面。因此，越来越多的新型塑料材料随即诞生，其中较为代表性的有光降解型塑料、生物降解型塑料、水溶降解型塑料等。

光降解塑料是指能够在紫外线的影响下聚合物链条有次序地进行分解的材料，该类塑料能够通过节约、环保、无害的方式进行降解回收。

生物降解型塑料是指能够通过生物降解的方式进行废弃处理的新型塑料包装材料，分为完全生物降解型和生物崩坏型塑料两大类。

水溶降解型包装材料，顾名思义，就是能够通过水溶的方式进行降解的新型塑料包装材料。

这些材料都具有节约集中废弃包装处理资源、绿色环保的特点，并且成本较为低廉，其出现和发明对于包装材料发展而言是具有跨时代性的意义。

2. 天然生物包装材料

除了新型的塑料材料外，天然的生物包装材料也越来越得到人们的重视。天然的生物包装材料之所以被称为天然，是因其使用的原材料主要以竹、木屑、亚麻、柳条、芦苇、秸秆等天然植物为主，是一类具有天然的亲和感的包装材料，具有鲜明的民族特色。该类回归自然的材料设计方式，不仅能够在资源的使用角度节省更多的珍稀资源，转而使用更加易得、廉价的材料，从而降低包装的生产成本，提升产品的竞争力，还从消费者人文关怀和五感的角度出发，为消费者带来健康、朴实、环保的消费和使用体验。同时，在产品包装的回收和废弃的角度出发，天然的生物包装材料能够在造成环境破坏和资源浪费的前提下进行自然降解处理，不会对生态环境造成破坏，同时还节约了用于环境治理的资源和能源。

5.2.3 环保油墨的使用与设计

在进行产品包装的设计和生产过程中，如果生产原料使用不当，会造成严重的资源浪费。同时较易被忽略的是，包装在进行回收和废弃时，同样可能会造成资源的浪费和环境的污染。尤其是在印刷油墨的使用方面，若使用较为具有污染性的普通油墨材料，不仅会在生产的过程中造成环境污染，还会对产品包装相关的接触和使用人员的身体健康产生威胁，在回收和废弃的过程中，还会将大量的有毒污染物丢弃到自然环境中，导致在后期环境治理的环节中耗费大量不必要的自然资源、能源以及人力资源。

因此，环保油墨的普及化使用不仅是环保型包装需要采用的生产原料，更是节约型包装需要广泛使用的重要生产元素之一。对于节约型包装而言，首先应尽量减少油墨的使用面积（见图 5-63），在不得不使用少量油墨时，尽量采用环保油墨。在未来几年，环保油墨的广泛应用将是大势所趋，目前较为常见的环保油墨包括水性油墨、能量固化油墨、醇溶性油墨、大豆油墨、生物油墨、数字印刷油墨等。

1. 水性油墨

水性油墨是指由特定的水性高分子树脂、环保颜料、水、一定的助剂等经过一系列的物理和化学工艺生产过程制作组合而成的油墨，相比普通的油墨，水性油墨使用的溶剂是水而不是有机溶剂。当油墨印刷到包装材料上后，水分会逐渐渗入包装材料中或挥发到空气当中，油墨会逐渐变得干燥。水性油墨具有无毒、稳定性强、安全性好、洁净的特点。

首先，水性油墨的最大优点在于其的安全性，因其不含有挥发性的有机溶剂，充分地降低了有

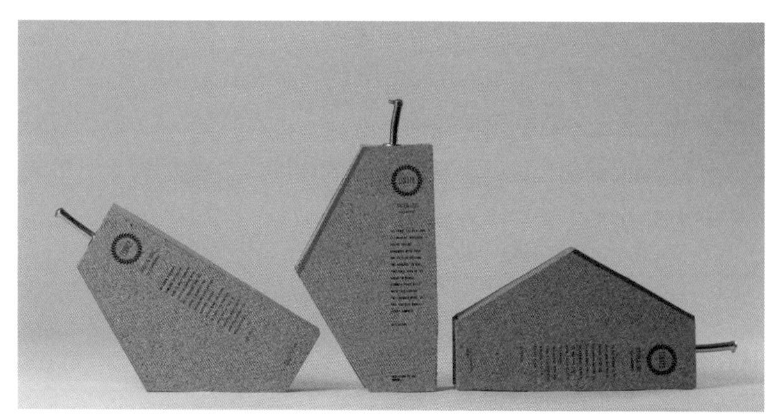

图 5-63　天然生物材料包装设计

机挥发物的量，不会对包装的相关接触者的身体健康造成损害。第二，水性油墨还具有较强的稳定性，不会对包装和周围的环境造成腐蚀。第三，水性油墨能够有效地减少和降低产品包装的静电产生和易燃的风险，具有较高的安全性。第四，水性油墨还具有洁净的特点，在进行印刷设备的清洗时，不需要其他的清洁剂，仅通过水就可以完成设备的清洗。

2. 能量固化油墨

能量固化油墨指的是通过 UV 光或是加速高能电子束，将油墨中的单体改变为聚合物，较为具有代表性的包括 UV 油墨以及电子束固化油墨等。UV 油墨是指以一定的紫外线照射为生产方法，将油墨连接料中的单体聚合为聚合物，使油墨能够较为快速地成膜和干燥，将液态的油墨转化为固态。UV 油墨主要具有免溶剂、网点清晰、具有较好的光泽性、色彩艳丽、具有较好的耐水性和耐磨性、化学性稳定、造成的污染几乎为零的特点和优势。电子束固化油墨是指通过一定的高能电子束的照射，能将液态油墨迅速固态的油墨种类。该类型的油墨具有不会散发臭氧、固化彻底、质量稳定、节约能量无溶剂挥发、环保无污染、固化空间小、加工效率高、产量较高、视觉精细度较强、耐磨以及化学稳定性强的特点。

3. 大豆油墨

大豆油墨是指在进行生产原料配比设计时，将传统油墨配方中 20%～30%的石油系溶剂改用大豆油，从而使油墨中的污染性成分含量降至较低，能有效地在其生产、销售、使用，以及回收的过程中减少因使用油墨造成的生态环境破坏。大豆油墨开创性地使用大豆油作为原料，不仅减少了油墨的使用对自然环境的负面影响，还从资源节约的角度大大减少了石油的使用量。相比其他的油墨种类，大豆油墨具有流动性和着墨性能强、耐磨性强、脱墨容易且效果佳、对包装材料的损伤小、废料少、易回收、印刷成本低以及符合产业发展政策的特点，其使用和印刷理念与节约型包装的材料使用理念不谋而合。

4. 醇溶性油墨

醇溶性油墨，又称无苯醇溶性油，是指一种挥发干燥型的油墨，具有较好的印刷适应性，是一种对于环境破坏非常小的油墨种类，在生产时还能够产生醇香四溢的酒香。其以干燥快、色彩艳丽、无污染等优点，逐渐开始被国内外包装生产企业广泛的使用。目前在包装的印刷和生产过程中较为常用的醇性油墨主要包括醇性表印油墨、醇性复合油墨、凹版醇性复合油墨三大类。这些醇溶性油墨具有不同的优点。例如，醇性表印油墨主要以醇溶性消化纤维素、高级树脂、无毒颜料，以及无水乙醇混合制成，其污染性几乎为零。醇性复合油墨不含苯类溶剂，VOC 的排放量较低，造成的环境污染情况极轻。凹版醇性复合油墨具有低气味以及不含苯、无污染的特点。

5.3　节约型包装材料设计案例赏析

1. Not Only a Cup 饮品纸杯包装设计

图 5-64 所示的是由设计师鲁卡斯 • 缇查琦克（Lukáš Tichácek）设计的一款多功能纸质材料饮料杯。饮料纸杯是生活中最常用的商品包装形态之一，可见此类包装的生产和消耗量非常巨大。因此，对于类似于此类常用商品的包装进行节约型包装设计是十分有必要的。Not Only a Cup 饮品包装杯采用了环保纸质材料，并采用了圆柱形的形态结构，在包装生产的过程中有效地节约了其所耗费的材料资源。能够在包装运输的过程中通过堆叠的方式进行运输空间的节约。而在产品运输的过程中，圆柱的形态同样能够在一定程度上保证产品的安全性和稳定性，并节约其运输空间。值得一提的是，此包装还在功能上进行了多功能的设计，充分利用了空间，纸杯的内外两层将其店面分布的地图印刷在纸杯的内侧，使消费者在饮用完饮品之后，还能够对包装纸杯进行保存，作为再次寻找店面的地图使用，既起到了对店家和品牌的宣传作用，还实现了包装材料的多功能设计，同时也避免了随

图 5-64　Not Only a Cup 饮品纸杯包装设计

意丢弃纸杯造成的环境污染。饮品纸杯的盖子部分采用了可降解塑料作为包装材料，避免了传统塑料材料无法在短时间内降解所带来的环境问题。

2. 21 山岚乐章礼盒包装设计

图5-65所示的是由设计公司Magic Crative设计的一款茶罐包装，主要分为内包装和外包装两层。饮茶，在中国不仅是一种饮用饮品的行为，更是一种禅意文化，其与多种的中国传统文化相关联，其中包括中国传统音乐、中国传统哲学，以及中国传统绘画等。可见，茶所具有的文化意味远远超过了其本身，并被文人雅客赋予了高贵、雅致、禅意的文化符号。因此，对于高端茶叶的包装设计，也需要同相应的文化底蕴相一致。山岚乐章礼盒包装选用了竹木作为其包装材料，并通过精致细腻的竹编方式进行呈现。该包装的竹篓外包装部分由台湾本土竹编大师林根在先生亲手编织，具有极高的艺术欣赏价值。竹木的包装材料为整体包装赋予了浓厚的文化内涵，并向消费者传达出淳朴、自然、绿色、健康、环保的情感趋向，使消费者能够在愉悦的心情下饮用此茶。其包装的内包装采用了黑色的铁质包装材料，并小面积地印刷了抽象的中国传统乐器图形，意在传达茶文化与传统音乐之间的禅意和韵律关系。具有极高艺术价值的内外包装设计，形成一深一浅的视觉对比效果，使包装更加具有吸引力。同时，铁质的内包装和竹编的外包装结实耐用，消费者可以在茶叶饮用完之后，对包装进行保存和二次利用，可继续存放其他的食品和物品，也可作为装饰品进行摆放和观赏。

3. 香鱼包装设计

图5-66、图5-67所示的是由设计师正博南（Masahiro Minami）设计的一款香鱼包装。此包装是用于承装Koayu——一种生长在日本琵琶湖中的淡水鱼的销售容器。通常来说，罐头鱼一般以普通的全封闭式铝罐方式承装，通过易拉的方式打开包装进行食用，对于消费者而言，无法直观看到

图5-65　21山岚乐章礼盒包装设计

罐头内承装的鱼的种类以及大小、新鲜程度等属性，使消费者的购物过程充满着未知和不安；同时，全封闭式易拉罐头鱼的拉动开启面对于力量单薄的女性消费者来说难以开启，设计缺乏人性化。而该香鱼包装则解决了上述问题，采用了卡纸封套和铝罐相结合的包装材料设计方式，开启面以透明环保塑料进行呈现，使罐头的开启更加便捷，即便是儿童消费者也能够轻松地打开包装。在卡纸封套的设计上，设计了一个圆形的窗口，能够使消费者直接看到产品包装的内容物状态和外观放心购买。同时，为进一步方便消费者食用，设计师在包装内还附带了牙签。金属的包装材料美观而具有一定的光泽，消费者可在食用完罐头鱼后对包装进行二次利用，存放其他的物品，避免包装随意丢弃造成环境污染和资源的浪费。

4. Helldunkel 啤酒包装设计

图 5-68、图 5-69 所示的是一款精美的啤酒包装。通常来说，人们对于啤酒包装的印象停留在传统的玻璃瓶和铝制易拉罐上，但 Helldunke 啤酒包装则创新地采用了前所未有的包装方式，即选用了陶瓷配合木塞作为包装材料进行设计。Helldunkel 啤酒的品牌理念旨在通过传统的文化形象归纳传达出朴实、清新的意味，在外观设计

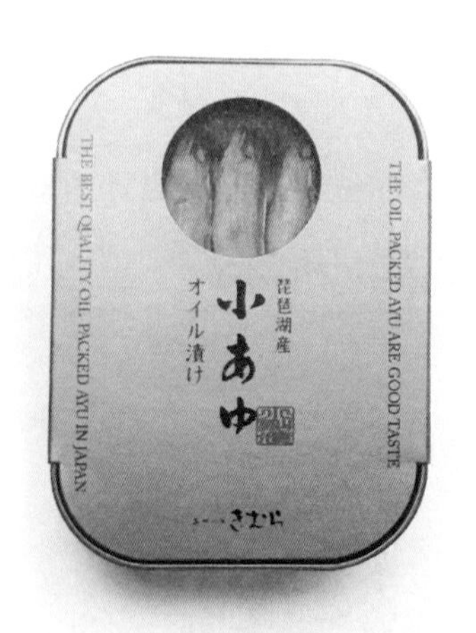

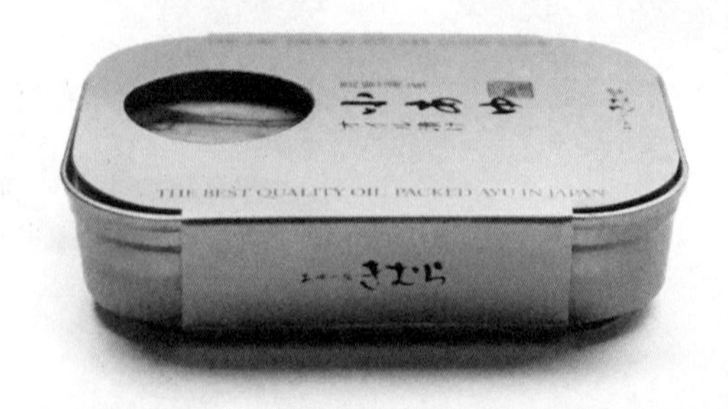

图 5-66　香鱼包装设计 1

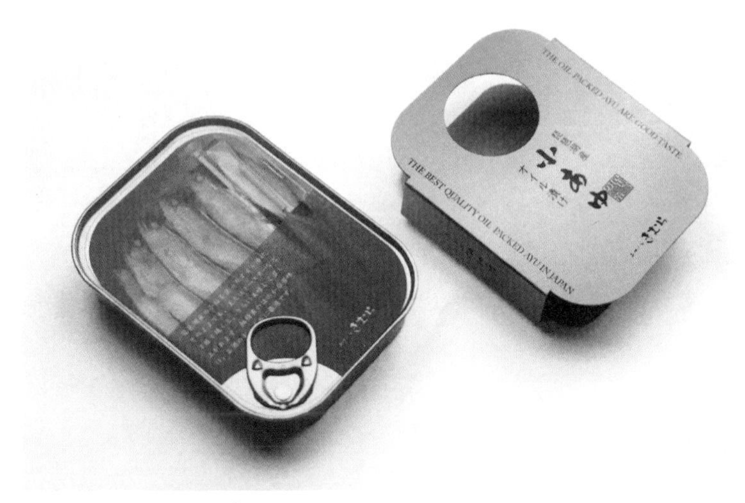

图 5-67　香鱼包装设计 2

方面，通过讲述一个与谷物有关的故事，反映啤酒的来源是谷物，将谷物变为啤酒前的三个步骤——播种、抽穗以及碾磨进行了抽象化、简约化的图形设计，并小面积地印制在瓶身的包装纸上。该包装选用陶瓷作为包装材料，一方面能够起到对于啤酒自身的基本保护作用；另一方面在视觉美感和触感方面，为消费者带来一种典雅、美观、亲和、真实、可靠的使用感受，将传统的手工艺品赋予了现代的艺术气息，使得包装瓶不仅能够作为一个产品的包装，同时又是一款具有艺术价值的产品。在消费者饮用完啤酒后，能够对陶瓷的啤酒瓶进行留存和二次利用，可以把外层的包装纸撕下，将其作为灯座或花瓶继续使用，具有较强的装饰效果。这样，该包装即通过巧妙、创新的设计方式，拥有了二次生命，有效避免了酒瓶包装随意丢弃造成的资源浪费和环境污染。

5. Hotel Packet 酒店领带包装设计

图 5-70 所示的是由设计师卡雷尔·伊莱亚斯（Karel Elias）设计的一款极简酒店简易领带包装。该包装以极为轻量化的设计方式，充分地节约了包装材料的使用量。包装选用纸质材料作为包装选材，具有重量轻、占用空间小、成本低廉、易折叠和易卷曲的基本材料特点，能够为包装的运输和使用带来便利。同时，为了避免硬性纸质材料不易于有规律地卷曲，设计师巧妙地在其结构设计上增加了压痕设计，不仅增加了视觉的复杂性，使包装看起来更具设计感和美观性，还能够使其使用者轻易、方便地对其进行折叠和存放。在结构设计方面，设计师使其形态简化到几乎与商品的面积相同，仅比商品稍宽一个边框的距离，这样不仅能够使领带商品和包装更加贴合，同时还能够充分地减少包装生产所要耗费的材料资源，也能够在运输的过程中有效地节省运输空间。纸质的包装材料还能在产品使用完后被自然降解，不会对生态环境造成负担。在印刷油墨的使用方面，该产品包装使用了环保油墨，不会在回收和降解的过程中破坏自然环境。

图 5-68 Helldunkel 啤酒包装设计 1

图 5-69 Helldunkel 啤酒包装设计 2

图 5-70 Hotel Packet 酒店领带包装设计

课后习题

1. 简要叙述节约型包装材料设计的主要内容。

2. 从材料设计的角度提出节约型包装的设计方案。

3. 结合本书第 3 章、第 4 章内容，综合提出一到两个节约型包装设计方案。

第 6 章

节约型包装设计综合案例赏析

6.1 Postcard Package 多功能明信片包装设计

图 6-1 所示的是一款多功能明信片包装。当旅游时，人们常常会购买当地的明信片留作纪念，或寄送给亲朋好友。而当明信片被寄出后，其包装往往不再具有任何的价值而被直接丢弃，这造成了包装资源的浪费，同时包装被随意丢弃在环境中，造成一定程度的环境污染。针对这一长期存在的问题，Postcard Package 多功能明信片包装通过丰富功能结构的设计方式进行了解决。在造型和结构设计方面，采用了普通的长方体纸盒形态，在包装纸盒作为明信片容器时，与普通的明信片包装无任何差别。但当消费者取出明信片后，只需根据包装盒上的改装说明图进行简单的改造，即可将包装改装成为一款美观、实用的纸质相框。这样，原本失去使用价值的包装盒又被赋予了二次生命，而不是被随意地丢弃。在外观设计方面，该包装采用了极简的设计方式，仅通过少量的线性图形和产品名称文字进行产品和使用信息的传达。在色彩设计上采用了单色设计的方式，且仅限于极小面积的环保油墨印刷，其余的包装部分则利用了牛皮纸质材料和环保卡纸材料的材料原色进行表现，既不会造成环境的污染，还能够通过温和朴实的颜色带给消费者亲和、健康的视觉感受和使用体验。

图 6-1　Postcard Package 多功能明信片包装设计

6.2　Trans Box 多功能纸质包装箱设计

图 6-2 所示的是一款多功能纸质包装箱。在日常生活中经常会见到诸如此类的硬质纸板包装箱，无论是大部分的家具包装、大型的家电包装，还是产品的批发用包装纸盒，都采用了这种经典的长方体包装方式，这样的包装方式能够有效地在节约包装材料、降低生产成本的基础上，保证较高的空间利用率和稳定坚固性。Trans Box 多功能纸质包装箱在作为包装箱进行使用时，即是一款经典的环保纸质包装箱造型，可以承装任何尺寸适合的产品。包装中附有一张简单易懂的改装说明，提醒消费者可在包装箱内的产品取出之后，将其进行简单地折叠穿插即可以将其改造称为一款造型简洁，结构坚固的纸质座椅。多功能化的设计方式不仅能够为包装赋予了二次再利用的价值，还在一定程度上节约了消费者用于购买座椅的资金和用于生产座椅的材料资源。在视觉外观设计方面，Trans Box 多功能纸质包装箱仅在包装箱的一侧进行了单色的标志印刷设计，节约地呈现方式不仅减少了油墨的使用量、减轻了环境污染的隐患，同时还避免了繁杂视觉元素对于消费者的视觉感染，使消费者能够快速地记住产品标志。在材料的使用方面，该包装采用了环保的牛皮纸板作为包装材料，具有结实牢固、绿色环保和可降解的特点，即便消费者在其二次利用后废弃或取出商品后直接回收废弃，都不会对生态环境造成破坏。

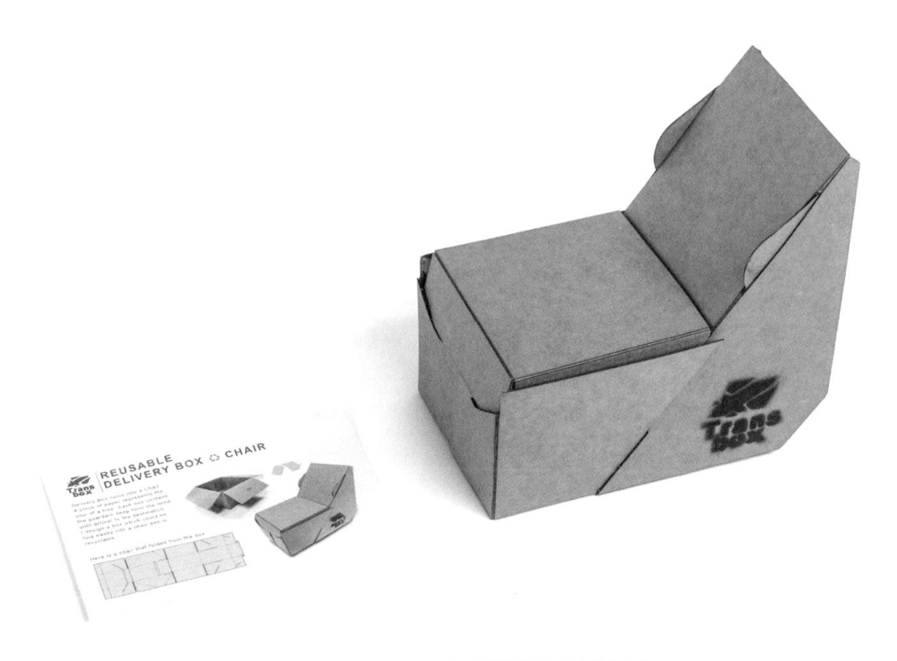

图 6-2　Trans Box 多功能纸质包装箱设计

6.3　SPO-NA 散装食品包装袋设计

图 6-3 所示的是由设计师马雷克·欧布斯利克（Marek Obršlik）设计的一款散装纸质食品包装。在消费者进行散装零食、面粉、谷物等商品的购买时，常会使用用于散装的塑料购物袋。塑料购物袋虽然具有结实耐用、透明可视的优点，但其缺点也同样不容忽视，大量一次性散装塑料袋在其废弃后被随意乱扔到居民生活环境当中，造成了严重的白色污染，而政府用于治理因其造成的污染的治理成本也逐年上升。虽然通过垃圾集中分类和回收的方法，该现象得以缓解，但若要从根本上缓解环境污染的问题，则需要在设计的源头进行本质上的变化。SPO-NA 散装食品包装袋则较好地缓解了因塑料袋滥用造成的白色污染问题，同时还通过巧妙的设计方式为包装袋增添了更加便捷的使用特色。首先在结构设计方面，该包装袋在普通纸质包装袋的基础上增加了多功能密封夹的部件元素。设计师意识到，散装的食品往往不可能一次性食用完毕，因此设计了一款和包装袋配套的多功能密封夹。该密封夹由多层环保纸板制成，不仅能够作为密封夹使用，其左侧还利用多层材料的特点进行了挖空设计，将密封夹的一侧设计成刻度勺，刻度勺以结实的环保牛皮纸板为材料，可经受较为长时间的使用，即便在包装中的食品食用完毕后，该密封夹还能够继续在其他的包装带上循环使用。在造型和外观设计方面，该包装袋极尽简约的视觉表现语言，密封夹的造型雅致美观，外观设计元素采用了极简的设计方式，带给消费者亲和、宁静、健康的使用感受。

图 6-3　SPO-NA 散装食品包装袋设计

6.4　Herbals 种子包装设计

图 6-4 所示的是由设计师尼古拉・珂拉洛娃（Nikola Kolářová）设计的一款种子包装。通常人们在市场中见到的种子都是以小塑料袋或以覆膜纸袋的包装形式进行售卖，且包装中只有种子本身，当种子被取出后，包装便被随即丢弃，不仅容易造成环境的污染，还在一定程度上浪费了包装材料资源。而 Herbals 种子包装则彻底地使包装得到了完全的利用，不会产生任何的废弃垃圾。该包装在对种子产品进行承装时，创造性地将种子和所需的水溶性肥料粘贴在包装内，而不是通过传统的散装方式，这样有效地避免了种子的散落和丢失，使商品得到充分的利用。同时，消费者无须将种子取出后再进行播种，该包装采用环保牛皮纸作为包装材料，消费者可在将包装展开后直接将种子、肥料连同包装一起埋进土壤当中，纸质的包装材料会随着时间的流逝逐渐被自然降解，且降解后不会对土壤造成污染。在外观设计方面，Herbals 种子包装通过简单的线型图形和少量的文字说明进行了使用方式的介绍，同时在包装的另一侧以植物的有机形态插图和产品名称为主，并通过一个圆环的视觉元素强调重点内容、打破方正的包装视觉形态，使消费者一目了然。在色彩设计方面，该包装仅采用了双色印刷的设计，且采用了环保油墨进行印刷，减少了油墨过度使用造成的环境污染。

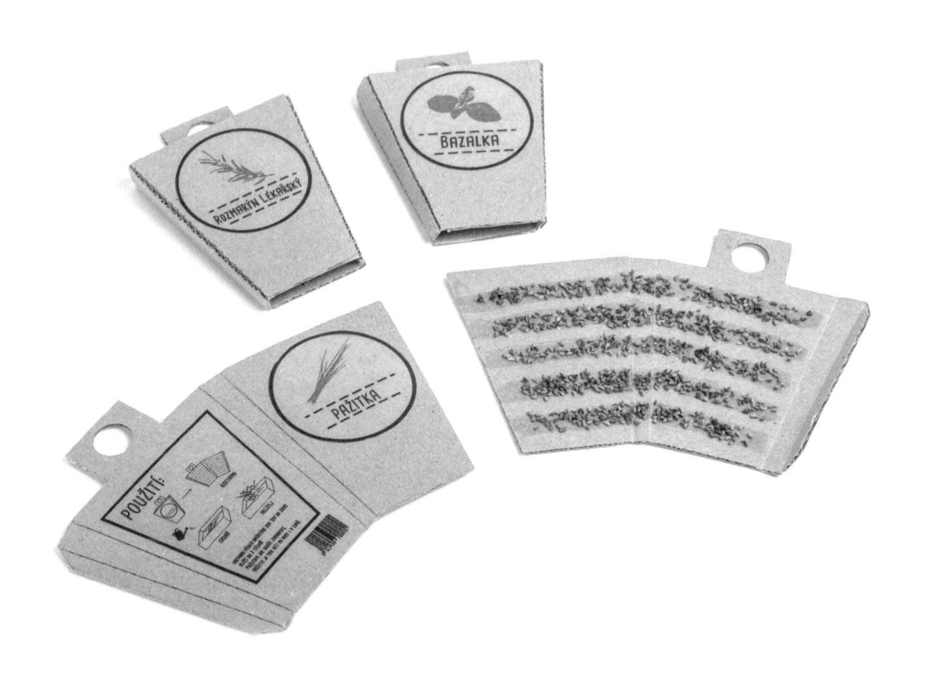

图 6-4　Herbals 种子包装设计

6.5　Package for Dry Cat Food 干猫粮包装设计

图 6-5 所示的是由设计师佩特拉·法库诺娃（Petra Facunová）设计的一款多功能干猫粮包装。通常而言，宠物干粮的包装为塑料袋材料，在食物食用完毕后即被丢弃，很容易造成环境的污染，同时用于生产包装的材料资源也并没有得到很好的利用。Package for Dry Cat Food 干猫粮包装具有娱乐功能，很好地避免了包装使用后被随意丢弃的问题。猫粮包装不仅仅是一款宠物食物包装，同时还可以简单修改组装成一款猫咪玩具盒。在结构设计上，设计师为包装设计了可用于扣洞的压痕，消费者无须任何工具即可将做过压痕处理的部分抠下，简单组装成一个全新、美观、趣味的猫咪玩具盒。在外观设计方面，采用了几何图形与绘画插图相结合的视觉表现方式，配合清晰、可见、健康、洁净的淡蓝色，为消费者传达出亲和、可爱的视觉感受。同时，采用环保纸质材料，即使在其二次利用后进行废弃和回收，也能够通过自然降解的方式进行处理，不会对自然环境造成污染和破坏。

图 6-5 Package for Dry Cat Food 干猫粮包装设计

6.6 Package for Coloured Pencils 彩色铅笔包装设计

图 6-6 所示的是由设计师卡特丽娜 • 珂婵珂娃（Kateřina Kochánková）设计的一款多功能彩色铅笔包装。消费者一般在购买彩色铅笔后，常会发现在每次使用时若想找到需要的颜色，就必须用手将铅笔从纸盒中拔出，这样不仅容易刺伤手，还易折断笔尖。针对这一问题，Package for Coloured Pencils 彩色铅笔包装通过为包装赋予多种功能的方式给出了解决方案。该包装在造型设计方面与普通的彩铅包装方式无异，但在其结构的设计上，设计师进行了剪裁线和压痕的设计，提示消费者可在将彩铅取出后，通过简单的改装方法，即可将包装盒改装为一款造型美观且使用方便的纸质笔筒。消费者可将取出后的彩铅放入到笔筒当中，不仅提升了使用时的直观性，还避免了每次从盒中取出彩铅造成的刺伤隐患。同时，该包装的外观设计与结构设计实现了完美的匹配，包装的外观元素以卡通动物插图、简约的产品名称和信息介绍文字，以及精美的背景手绘插图为主，在包装按照改装说明进行改装后，卡通动物的形象能够正好与笔筒的结构相匹配，呈现出趣味、可爱、美观的视觉效果。最后，在包装材料的使用方面，采用了环保纸质的材料，能够在其回收和废弃时被自然降解，不会对环境造成破坏。

图 6-6　Package for Coloured Pencils 彩色铅笔包装设计

6.7　Plant′it Earth Identity & Packaging 有机肥料包装设计

图 6-7 ～图 6-10 所示的是由设计师伊桑 • 班尼特（Ethan Bennett）设计的一款节约型有机肥料系列包装。在人们的印象中，植物肥料的包装往往都是以设计简陋和印刷粗糙的塑料编织袋的形式呈现，并且系列产品仅仅通过粗糙的视觉元素替换的方式表现，在肥料使用完毕后，其包装通常会被随意丢弃到环境中，造成资源的浪费和环境的污染。Plant′it Earth Identity & Packaging 有机肥料包装则打破了传统的肥料包装设计方式，配合有机肥料的有机特性，为其包装同样赋予有机、绿色、节约、环保的设计理念。该系列包装包括纸盒包装、编织袋包装、塑料瓶包装以及小纸包包装等形式。在包装盒的结构设计方面，采用了穿插式的包装组装方式，通过折叠和穿插的方式将包装在无任何胶粘剂的前提下进行牢固的组装，既节约了用于生产胶粘剂的材料资源，又避免了胶粘剂中的有毒物质损害产品相关接触者的身体健康，也不会在回收和废弃后污染生态环境。在系列包装的材料设计方面，包装盒和包装瓶纸套采用了环保牛皮纸材料进行设计，不仅能够保证包装的牢固程度，还能够在其使用后被自然降解。包装瓶身采用了可循环环保塑料所谓包装材料，不会对自然环境造成破坏。编织袋则选用了有机纤维编织而成，在使用后可直接被自然降解。在外观设计方面，该包装通过铲子与叶子的巧妙结合图形作为产品的标志以及简洁的文字介绍和说明进行产品信息的呈现。同时，该包装还采用了单色设计和材料原色相结合的色彩表现方式，通过清新自然的绿色向消费者传达该产品节约、环保、可循环的销售理念。

图 6-7　Plant'it Earth Identity & Packaging 有机肥料包装设计 1

图 6-8　Plant'it Earth Identity & Packaging 有机肥料包装设计 2

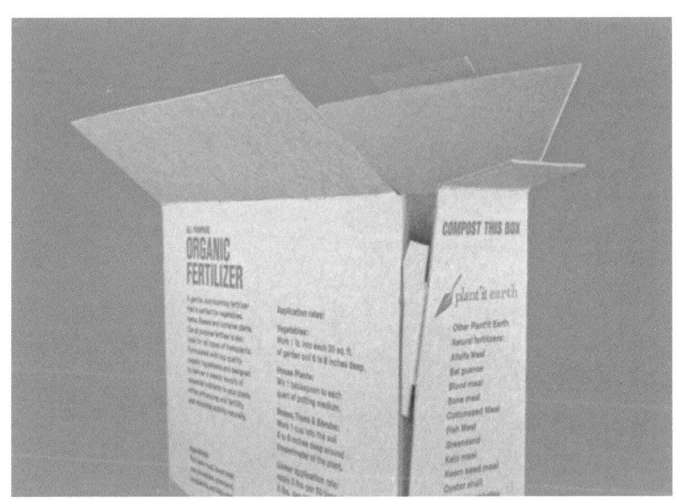

图 6-9　Plant'it Earth Identity & Packaging 有机肥料包装设计 3

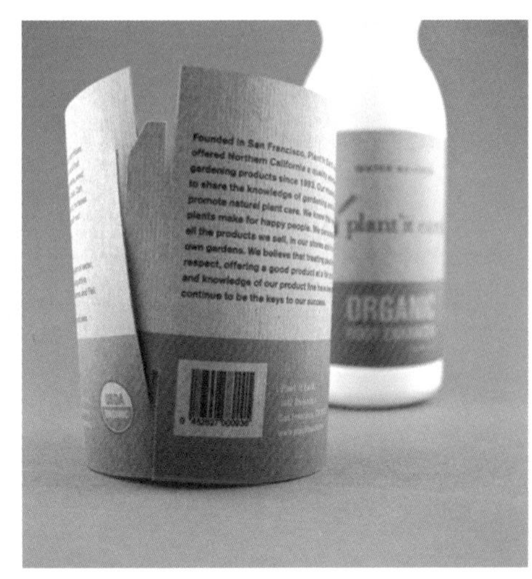

图 6-10　Plant'it Earth Identity & Packaging 有机肥料包装设计 4

6.8　INVENT 多功能陶瓷杯包装设计

图 6-11 所示的是由设计师梅丽莎·罗登布鲁姆（Melissa Rodenbloom）设计的一款节约型多功能陶瓷杯包装。该包装的设计特殊之处在于包装的所有部件都具有多重功能并具有循环使用的价值，是一款资源利用率极高的产品包装。在结构设计方面，将 6 片体面进行穿插组装，因而无须使用胶粘剂即可将包装固定成型，不会对环境造成影响。在消费者将包装打开后，可将包装的 6 片拆解开来，其中的 5 片可继续作为隔热杯垫使用，剩余的一片可作为杯垫的摆放底座使用。当消费者在短期之内不再使用该包装时，即可按照原来的组装方式将该包装重新组装起来，盛放并保护陶瓷杯。因此几乎所有包装材料都能够被充分地利用。在材料设计方面，除固定带使用了环保纸质材料之外，其余的 6 片结构组成部分均采用软木压制材料制作而成，其生产材料十分易得且成本较低，不仅能够充分起到隔热以及保护杯底的作用，还能够在被废弃之后自然降解，具有节约和环保的特性。同时，该包装在外观设计方面并没有进行过多的装饰，仅在固定带上和名称卡片上印制了小面积的产品名称标志。在色彩的设计上特意保留了软木包装的材料原色，并通过木屑的压制营造出丰富的肌理感，带给消费者返璞归真、清新自然、绿色健康的使用感受。

图 6-11　INVENT 多功能陶瓷杯包装设计 1

图 6-12　INVENT 多功能陶瓷杯包装设计 2

图 6-13　INVENT 多功能陶瓷杯包装设计 3

6.9　Happy Eggs 鸡蛋包装设计

图 6-14 ～图 6-16 所示的是由设计师玛雅 • 杰西匹克（Maja Szczypek）设计的一款极具创意和亲和力的鸡蛋包装设计。通常而言，人们生活中所见到的鸡蛋包装设计都是由纸浆或容易造成环境污染的塑料制成的鸡蛋盒。但越来越多的鸡蛋种类及其品牌层出不穷，若一款鸡蛋品牌不采用较为富有创意的包装设计方式，便很难在众多的农副产品中脱颖而出。Happy Eggs 鸡蛋包装突破性地改变了传统包装的包装设计方式，以亲和、天然、趣味的表现手法，将人们习以为常的鸡蛋产品以新的面貌展现在消费者的面前。该鸡蛋产品的销售理念为通过环保有机饲料喂养的母鸡所产的鸡蛋，因此该包装在材料的选用与设计方面与产品理念相结合，以别具一格的方式仿照鸡蛋在鸡窝中的原生状态，以经过热压工艺处理的干草材料作为产品包装的主要材料，不仅能够从视觉和触觉上带给消费者回归自然的亲和感，还能够结合味觉感受为消费者传达产品理念。除此之外，干草材料的使用还能够帮助保持生态环境的平衡，此包装的干草包装材料全部来自老牧场的栖息地，随着传统的天然牧场被机械大农场所取代，传统牧场的栖息地越来越变得杂草丛生，导致许多需要光的植物逐渐消失，因此，收集干草十分有利于保持这些自然栖息地的生态平衡。在该包装的外观设计方面，除干草包装结构外，还包括一个用于固定整体结构、介绍产品信息的包装纸，该包装纸采用了单色设计，并通过简洁的视觉元素进行表现，不仅为消费者提供了清晰的视觉信息层级，还减少了印刷面积，减轻了油墨的使用对环境的负面影响。

图 6-14　Happy Eggs 鸡蛋包装设计 1

图 6-15　Happy Eggs 鸡蛋包装设计 2

图 6-16　Happy Eggs 鸡蛋包装设计 3

6.10　LIGHT BULB PACKAGE REDESIGN 灯泡包装设计

图 6-17～图 6-19 所示的是由设计师蒙珂尔·普拉尼尼特（Mongkol Praneenit）对一款灯泡进行的包装再设计。该灯泡包装整体呈现复古的气质，与灯泡产品精致、沉稳的整体设计形态相符。在该包装的造型设计方面，其采用了圆柱体的造型充分地对灯泡起到保护作用，并通过一个开口设计，使消费者能够直观地看到包装内部的开口。同时为了打破包装圆柱形的呆板造型形态以及增强包装的减震效果，设计师在材料的成型方面设计了波浪流线型的条形肌理，为包装整体增加了韵律和美感，同时消费者在手拿包装时还能够增大包装的摩擦力，不会轻易掉落进而损坏灯泡。在材料的选用方面，选用了瓦楞纸板作为包装材料，不仅原料易得，生产成本较低，还不会在回收的过程中对环境造成污染。在外观设计方面，该包装以简约的线形灯泡图形以及无衬线英文字体进行表现，并结合三种不同的色彩传达出清晰的信息展示层级。

图 6-17　LIGHT BULB PACKAGE REDESIGN 灯泡包装设计 1

图 6-18　LIGHT BULB PACKAGE REDESIGN 灯泡包装设计 2

图 6-19 LIGHT BULB PACKAGE REDESIGN 灯泡包装设计 3

参考文献

[1] 邱志涛，唐文 . 论环保包装的创新设计智慧 [J]. 包装学报，2013(10).
[2] 杨光，鄂玉萍 . 低碳时代的包装设计 [J]. 包装工程，2011(2).
[3] 马蕾 . 可持续性包装设计探讨 [J]. 包装工程， 2011(2).
[4] 连放，胡珂 . 产品包装设计 [M]. 清华大学出版社， 2014(9).
[5] 托尼·伊博森 . 环保包装设计 [M]. 潘潇潇，译 . 桂林：广西师范大学出版社，2014.
[6] 魏晓琳 . 包装造型设计的生态考量 [D]. 浙江农林大学，2012(6).
[7] 张弘韬 . 节约型包装视觉传达设计研究 [J]. 包装工程，2016(12).
[8] 旁娟 . 环保型包装设计研究 [J]. 中国包装工业，2016(8).
[9] 姚瑞玲，高巧侠，朱凤平 . 浅谈环保油墨 [J]. 广东印刷，2012(6).
[10] 马蕾 . 可持续包装设计讨论 [J]. 包装工程，2011(2).
[11] Stewart B. Packaging design [M]. London: Laurence King Publishers, 2007
[12] Calver G. What is packaging design? [M]. Hove, UK: RotoVision, 2004